VERKEHRSGESCHICHTE

**Die Angermünde-Stralsunder
Eisenbahn**

VERKEHRSGESCHICHTE

Dieter Grusenick · Erich Morlok · Horst Regling

Die Angermünde-Stralsunder Eisenbahn

Einbandgestaltung: Andreas Pflaum
Titelbild: Die Traditionslok 91 134 im Stralsunder Hafen, 1996. Foto: J. Scheffelke

Alle Fotos und Zeichnungen ohne Angabe des Urhebers stammen von Dieter Grusenick oder aus dessen Sammlung.

Eine Haftung des Autors oder des Verlages und seiner Beauftragten für Personen-, Sach- und Vermögensschäden ist ausgeschlossen.

ISBN 3-613-71095-1

©1999 by transpress Verlag, Postfach 10 37 43, 70032 Stuttgart.
Ein Unternehmen der Paul Pietsch Verlage GmbH + Co.

1. Auflage 1999

Der Nachdruck, auch einzelner Teile, ist verboten. Das Urheberrecht und sämtliche weiteren Rechte sind dem Verlag vorbehalten. Übersetzung, Speicherung, Vervielfältigung und Verbreitung einschließlich Übernahme auf elektronische Datenträger wie CD-Rom, Bildplatte usw. sowie Einspeicherung in elektronische Medien wie Bildschirmtext, Internet usw. sind ohne vorherige schriftliche Genehmigung des Verlages unzulässig und strafbar.

Lektorat: Dr. Harald Böttcher
Innengestaltung: Viktor Stern
Druck: Maisch & Queck, 70839 Gerlingen
Bindung: Karl Dieringer, 70839 Gerlingen
Printed in Germany

Vorwort

Über 20 Jahre bemühten sich die uckermärkische Stadt Prenzlau und die vorpommerschen Hafenstädte Anklam, Wolgast, Greifswald und Stralsund um einen Eisenbahnanschluß. Prenzlau wollte zur Drehscheibe im Transport zwischen Mecklenburg und Preußen werden, und die Hafenstädte suchten in der Blütezeit der Segelschiffahrt günstige Wege in das Binnenland. Sie hatten in der Berlin-Stettiner Eisenbahngesellschaft stets einen interessierten Ansprechpartner. Zwischen der Berlin-Stettiner (1843) und der Berlin-Hamburger Bahn (1846) lag ein großes Territorium, das eisenbahnseitig zu erschließen war.

Die 1861 erteilte Konzession für die Uckermärkisch-Vorpommersche Eisenbahn enthielt neben der Strecke Angermünde–Stralsund auch die Zweigbahnen Stettin–Pasewalk und Züssow–Wolgast sowie die Hafenbahnen Wolgast, Greifswald und Stralsund. Diesem Inhalt folgten die Autoren bei der Gestaltung des vorliegenden Buches.

Die Angermünde-Stralsunder Bahn erschließt die nördliche Uckermark und Vorpommern und bildet das Rückgrat für zahlreiche Zweig-, Neben- und Kleinbahnen. Ihre Bedeutung lag zunächst in der Beförderung landwirtschaftlicher Produkte und von Gutarten aus dem Seeverkehr. Später beeinflußten der internationale Transit für die Ostseefähren und der Bäderbetrieb der Inseln Rügen und Usedom das Transportprofil – nach 1945 die Ansiedlung industrieller Großbetriebe. Die Zweigbahn Angermünde–Stralsund entwickelte sich zur Magistrale Berlin–Stralsund im Netz der Deutschen Reichsbahn. Bestimmend hierfür waren auch die Fährhäfen Sassnitz und Mukran sowie der Bau des Rügendamms, deren Geschichte deshalb ebenfalls gewürdigt wurde.

Erleben Sie mit uns 135 Jahre wechselvoller Eisenbahngeschichte im Norden Deutschlands.

Die Autoren möchten sich an dieser Stelle für die Unterstützung der Institutionen und Privatpersonen bedanken, die zum Gelingen dieses Buches beigetragen haben. Für Anregungen und Ergänzungen sind wir jederzeit aufgeschlossen.

Greifswald, im Januar 1999
Dieter Grusenick, Erich Morlok,
Horst Regling

Die Autoren bedanken sich für die ihnen gewährte Unterstützung bei:
Vorpommersches Landesarchiv Greifswald
Stadtarchive Angermünde, Greifswald und Stralsund
Stadtmuseum Angermünde
Dr. Hans-Günter Cnotka, Kiel
Horst Dörn, Greifswald
Jan Gloger, Greifswald
Wolfgang Hünicke, Greifswald
Jürgen Ihlenfeld, Greifswald
Reinhard Kruse, Stralsund
Jörg Scheffelke, Greifswald
Otto Sommerfeld, Angermünde
Hella Spierling, Lübeck
Volkmar Thielemann, Prenzlau
Hubert Vogel, Stralsund

Inhalt

1. **Die Vorgeschichte der Angermünde-Stralsunder Eisenbahn**   7
   1.1 Die Berlin-Stettiner Eisenbahngesellschaft   7
   1.2 Projekte zum Bau einer Vorpommerschen Eisenbahn   15

2. **Bau und Eröffnung**   20

3. **Die Hafenbahnen Wolgast, Greifswald und Stralsund**   36

4. **Das Bahnpolizei-Reglement**   58

5. **Lokomotiven zwischen Angermünde und Stralsund**   60

6. **Das Entstehen von Eisenbahnknoten**   69

7. **Reise- und Güterverkehr im Wandel der Zeit**   94
   7.1 Reiseverkehr   94
   7.2 Güterverkehr   98

8. **Verwaltungsstrukturen**   102

9. **Die Entwicklung der Strecke nach dem Zweiten Weltkrieg**   116

10. **Bemerkenswerte Einrichtungen der Eisenbahn im Umfeld der Hauptstrecke**   127
    10.1 Von der Eisenbahnwerkstatt der Berlin-Stettiner Eisenbahn zum Werk der Deutschen Bahn AG   127
    10.2 Der Rügendamm   129
    10.3 Die »Königslinie« Sassnitz–Trelleborg   132
    10.4 Die Eisenbahnfährverbindung Mukran–Klaipeda (Memel)   138

11. **Katastrophen, Unfälle, Kuriositäten**   142
    11.1 Endlich erhält Stralsund einen Eisenbahnanschluß   142
    11.2 Die Eisenbahnkatastrophe an der Wackerower Brücke   144
    11.3 Der erste D-Zug auf dem Greifswalder Bahnhof   146
    11.4 Der Schneewinter 1978/1979   147
    11.5 Eine Lokomotive macht sich selbständig   149
    11.6 Ein schwerer Eisenbahnunfall bei Ferdinandshof   149
    11.7 Der Pasewalker Bahnhofswirt   150

12. **Ausblick**   151

Übersicht der die Hauptbahn Angermünde–Stralsund berührenden Strecken   154
Zugangsstellen für den Personenverkehr im Jahre 1963   155
Zeittafel   156
Quellen- und Literaturverzeichnis   157
Abkürzungen   158

Die Vorgeschichte der Angermünde-Stralsunder Eisenbahn

1.1 Die Berlin-Stettiner Eisenbahngesellschaft

Beginnen wollen wir mit einer Betrachtung zur Geschichte der Berlin-Stettiner Eisenbahngesellschaft - dem »Bauherrn« der Uckermärkisch-Vorpommerschen Eisenbahn.

Die Entwicklung des Eisenbahnwesens in Preußen begann in der zweiten Hälfte des 19. Jahrhunderts. In jener »ersten Periode« der preußischen Eisenbahngeschichte wurden zwischen 1837 und 1842 elf Eisenbahnen Allerhöchst konzessioniert /28/. Der ersten »Concession« zum Bau und Betrieb der Berlin-Potsdamer Eisenbahn im Jahre 1837 folgte an siebenter Position in der Reihenfolge der erteilten Konzessionen im Jahre 1840 die der Berlin-Stettiner Eisenbahn. Alle Bahnen entstanden ohne finanzielle Beteiligung des Staates auf der Basis von Aktiengesellschaften. Der preußische Staat sicherte sich die Pflichten und Rechte der Gesellschaften mit dem am 03. November 1838 erlassenen »Gesetz über die Eisenbahnunternehmungen«.

Die Historie der Berlin-Stettiner Eisenbahn geht auf das Jahr 1835 zurück. Die pommersche Metropole Stettin strebte danach, ihrem Hafen, in dessen Modernisierung sie viel Geld investiert hatte, in Konkurrenz zu Hamburg das nötige Hinterland und den erforderlichen Güterumschlag zu sichern. Sie fußte dabei auf den Vorstellungen Friedrich Lists zur »Herstellung eines preußischen Eisenbahn-Systems« /29/. Als bekannt wurde, daß dieser einer Bahn von Berlin nach Hamburg gegenüber der nach Stettin den Vorzug zu geben empfahl, wurde die Stettiner Kaufmannschaft aktiv. Den Anstoß dazu gab ein Journalist, der Redakteur der renommierten Stettiner »Ostsee-Zeitung« Altvater. Er empfahl den Vorstehern der Kaufmannschaft, in die Offensive zu gehen. Obwohl die Stettiner zunächst nicht wußten, ob und wie das Berliner Finanzkapital dem Bau einer Bahn nähertreten würde, bildeten sie unter Vorsitz ihres Oberbürgermeisters Masche am 14. April 1835 das »Berlin-Stettiner Eisenbahn-Comité«.

Erster Fahrplan Angermünde–Berlin 1842/1843

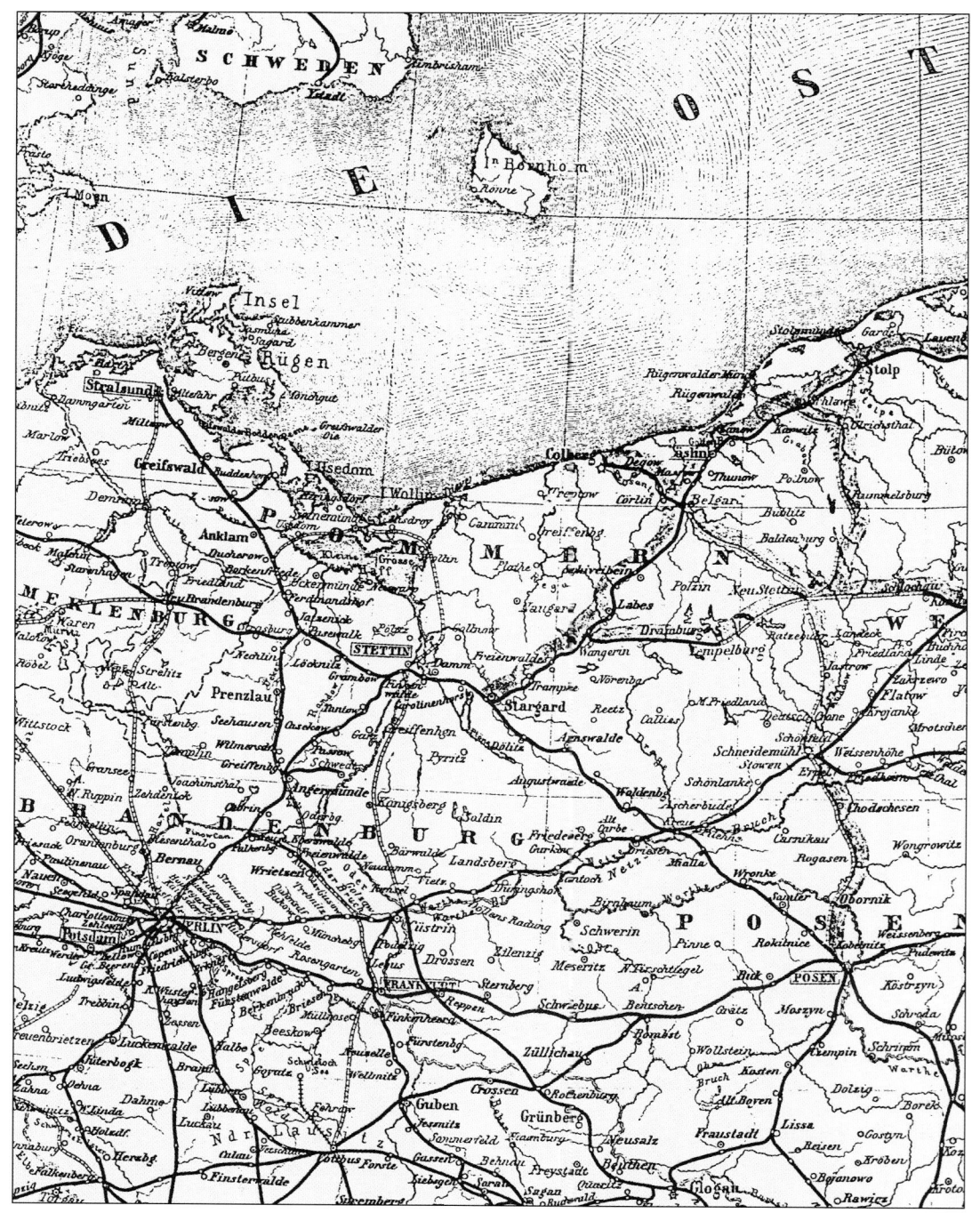

Eisenbahnkarte 1876 (Auszug)

Strecken der Berlin-Stettiner Eisenbahn 1842–1880

Netz	Strecke	Eröffnung	Kilometer
A: Stammbahn	Berlin–Neustadt Eberswalde	30.07.1842	45,2
	Neustadt Eberswalde–Angermünde	15.11.1842	25,6
	Angermünde–Stettin	15.08.1843	63,7
	Stettin–Stargard	01.05.1846	34,5
	Neustadt Eberswalde–Wriezen	15.12.1866	30,2
	Pasewalk–(Strasburg)	15.12.1866	23,7
	Bahnhof Niederfinow–Finowkanal	1868	1,2
	Ducherow–Swinemünde	15.05.1876	37,8
	Wriezen–Letschin	01.07.1876	17,7
	Angermünde–Freienwalde	01.01.1877	30,0
	Letschin–Seelow	01.01.1877	11,9
	Seelow–Franfurt/Oder	15.05.1877	24,0
	Güterbahn Stettin	01.08.1877	1,2
	Hafenbahn Swinemünde	15.01.1878	1,9
	Verbindungsbahn Frankfurt/Oder	01.01.1879	2,4
	Verlängerung Hafenbahn Swinemünde	05.12.1879	1,1
	Anschlüsse Frankfurt/Oder und Stargard	1880	0,7
	Anschluß Berliner Ringbahn	1880	1,3
B: Hinterpommersche Eisenbahn	Stargard–Köslin	01.06.1859	135,3
	Belgard–Kolberg	01.06.1859	35,8
	Hafenbahn Kolberg	01.06.1859	1,4
D: Hinterpommersche Eisenbahn	Köslin–Stolp	01.07.1869	67,1
	Zoppot–Danzig	01.07.1870	
	Stolp–Zoppot	01.09.1870	131,2
C: Vorpommersche Eisenbahn	Angermünde–Anklam	16.03.1863	104,6
	Pasewalk–Stettin	16.03.1863	41,9
	Anklam–Stralsund	01.11.1863	65,2
	Züssow–Wolgast	01.11.1863	17,8
	Hafenbahnen Wolgast, Greifswald, Stralsund	1963/65	7,5
	Abzweigungen Stralsund und Angermünde	1880	2,7

Nach erfolgreichen Verhandlungen mit Berliner Interessenten wurde am 01. März 1836 das gemeinsame »Comité« gegründet. Als sich herausstellte, daß dem Projekt weder seitens des Berliner Finanzkapitals noch bei den preußischen Zentralbehörden das nötige Vertrauen entgegengebracht wurde, baten die Stettiner Honoratioren den »Altpommerschen Communal-Landtag« um Hilfe. Er sicherte für die Dauer von sechs Jahren eine vierprozentige Zinsgarantie für 1,6 Millionen Taler Aktienkapital zu. Die Stadt Stettin zeichnete Aktien in einer Summe von 600 000 Talern. Damit wurde der Bahnbau vorerst zu einer Sache der Provinz Pommern, was der Berliner Ministerialbehörde offensichtlich sehr genehm war und mit Allerhöchster Kabinetsordre /4/ am 03. Februar 1840 bestätigt wurde.

Gesetz-Sammlung
für die
Königlichen Preußischen Staaten.

— Nr. 46. —

(Nr. 8678.) Gesetz, betreffend den Erwerb mehrerer Privateisenbahnen für den Staat. Vom 20. Dezember 1879.

Wir Wilhelm, von Gottes Gnaden König von Preußen ꝛc. verordnen, mit Zustimmung beider Häuser des Landtages der Monarchie, was folgt:

§. 1.

Die Staatsregierung wird ermächtigt, die Verwaltung und den Betrieb folgender Eisenbahnunternehmungen, nämlich:

1) der Berlin-Stettiner Eisenbahngesellschaft nach Maßgabe des beigedruckten Vertrages vom 13. Juni 1879,
2) der Magdeburg-Halberstädter Eisenbahngesellschaft nach Maßgabe des beigedruckten Vertrages vom 5. Juni 1879,
3) der Hannover-Altenbekener Eisenbahngesellschaft nach Maßgabe des beigedruckten Vertrages vom 8. Juli 1879,
4) der Cöln-Mindener Eisenbahngesellschaft nach Maßgabe des beigedruckten Vertrages vom $\frac{27.\ August}{10.\ Oktober}$ 1879

zu übernehmen.

§. 2.

Die Staatsregierung wird in Gemäßheit der im §. 1 gedachten Verträge zur Ausgabe von Staatsschuldverschreibungen in demjenigen Betrage ermächtigt, welcher erforderlich ist, um

1) den Umtausch der
    a) 62 145 000 Mark Stammaktien der Berlin-Stettiner Eisenbahngesellschaft in vierprozentige Staatsschuldverschreibungen zum Betrage von .... 62 145 000 Mark
    und in vierundeinhalbprozentige Staatsschuldverschreibungen zum Betrage von 10 357 500

    zu übertragen..... 72 502 500 Mark

Ges. Sammt. 1879. (Nr. 8678.)   100

Ausgegeben zu Berlin den 25. Dezember 1879.

§. 9.

Die Ausführung dieses Gesetzes wird, soweit solche nach den Bestimmungen der §§. 2 bis 5 nicht durch den Finanzminister erfolgt, dem Minister der öffentlichen Arbeiten übertragen.

§. 10.

Dieses Gesetz tritt am Tage seiner Verkündigung in Kraft.

Urkundlich unter Unserer Höchsteigenhändigen Unterschrift und beigedrucktem Königlichen Insiegel.

Gegeben Berlin, den 20. Dezember 1879.

(L. S.)   **Wilhelm.**

Gr. zu Stolberg. v. Kameke. Hofmann. Gr. zu Eulenburg.
Maybach. Bitter. v. Puttkamer. Lucius. Friedberg.

Gesetz, betreffend den Erwerb mehrerer Privateisenbahnen, 1879

Das Stettiner Bahnhofsgebäude um 1850. Es beherbergte auch die Verwaltung der BSTE.
Sammlung Dr. Cnotka

1864 lieferte Vulcan, Stettin die Lokomotive »Biesenthal«. Sie war auf der Stammbahn, Netz A, im Einsatz.
Sammlung Dr. Cnotka

Dem Komitee gehörten 1839 neben dem Oberbürgermeister neun Bankiers, Kaufleute und Beamte sowie ein Königlicher Medizinal-Rat aus Stettin an. Berlin war mit vier Honoratioren vertreten. Einflußreichster Vertreter der Berliner Fraktion war der damalige Königliche Kammerherr, Oberregierungsrat und spätere preußische Minister für Handel und Gewerbe (1862 bis 1873) Graf Itzenplitz. Er setzte dank seiner Beziehungen zum preußischen Innenminister von Rochow gegen den anfänglichen Willen des Generalpostmeisters von Nagler und des Finanzministers Rother die endgültige Konzessionierung der Bahn und die Bestätigung des Statuts der »Berlin=Stettiner Eisenbahn=Gesellschaft« seitens Friedrich Wilhelm IV. am 12. Oktober 1840 durch. Der junge Monarch, der im selben Jahr seine Regentschaft angetreten hatte, galt im Gegensatz zu seinem Vater, Friedrich Wilhelm III., als Verfechter des technischen Fortschritts, was sich dann in den Folgejahren u.a. in einer vermehrten Konzessionierung von Eisenbahnen in der sogenannten zweiten Periode preußischer Eisenbahngeschichte (1843 bis 1847) zeigte.

Die Berlin-Stettiner Eisenbahn nahm am 16. August 1843 ihren Betrieb auf. Zuvor gab es Teileröffnungen auf den Abschnitten Berlin–Neustadt am 01. August 1842 und Neustadt–Angermünde am 15. November 1842.

In den Statuten /4/ wurde als Domizil der Gesellschaft und Sitz ihrer Verwaltung Stettin bestimmt. Die Verwaltungshierarchie gliederte sich in den Verwaltungsrat und das Direktorium. Die Wahl der Mitglieder beider Gremien erfolgte jeweils für die Dauer von drei Jahren durch die Generalversammlung der Aktionäre. Sie hatten »ihr Amt ohne Gehalt oder Tantiemen« bzw. ohne Vergütung zu verwalten. Das behagte den Herren des Direktoriums auf Dauer nicht. Sie erwirkten, nachdem auf der Stammstrecke schon in den ersten Betriebsjahren Gewinne eingefahren wurden, ab 1847 eine jährliche Vergütung von 500 Talern für den Vorsitzenden, 400 Talern für seine Stellvertreter und 300 Talern für jedes weitere Mitglied.

Dem Verwaltungsrat, der zunächst aus zwölf Mitgliedern und vier Stellvertretern bestand, oblag die Kontrolle über die Geschäftsführung seitens des Direktoriums und über die Einhaltung des Statuts.

Das Direktorium, dem zunächst fünf Direktoren und drei Stellvertreter angehörten, hatte die gemeinsamen Angelegenheiten der Gesellschaft auszuführen und zu vollziehen. Dazu gehörten u.a. der Bahnbau, die Vorhaltung der Transportmittel, die Transportdurchführung und die Personalpolitik. Vorhaben zur Bauplanung, alle Finanzgeschäfte, die Tarifgestaltung und die Anstellung von Beamten hatten die Direktoren der Generalversammlung zum Beschluß vorzulegen.

Mit der Bestätigung der Statuten räumte Friedrich Wilhelm IV. der Gesellschaft das Recht ein, »wenn sie es gemeinnützig für den inneren Verkehr und nicht ihrem Interesse widersprechend findet, unter Genehmigung des Staates, Zweigbahnen zu ihrer Bahn anzulegen«. Von diesem Recht machte die Gesellschaft unverzüglich Gebrauch. Noch während des Baus der Stammstrecke beschloß die Generalversammlung am 26. Mai 1843 den Bau und Betrieb der ersten Zweigbahn von Stettin nach Stargard in Pommern. Sie wurde am 26. Januar 1844 Allerhöchst konzessioniert und am 01. Mai 1846 eingeweiht. Hintergrund dieser Aktivitäten war neben dem Anschluß der für damalige pommersche Strukturen »industriereichen Stadt Stargard« das Begehren, die Verkehre von Berlin nach Ostpreußen über Stettin zu ziehen. Die preußische Regierung hatte 1842 »die Nothwendigkeit einer Bahn von der Oder nach Osten bis zur russischen Grenze betont, ... um die entlegenen Gegenden dem Herzen des Landes näher zu bringen, für deren reiche land- und forstwirthschaftlichen Producte Absatzwege zu schaffen und ... aus strategischen Rücksichten« /28/.

Die Rechnung der Stettiner ging nach der Eröffnung der Stargard-Posener Eisenbahn (10. August 1847) und der Fertigstellung der Teilstrecken der Ostbahn Kreuz–Schneidemühl–Bromberg (06. August 1852) für die nächsten Jahre auf. Mit der Einweihung der Brücken über die Nogat bei Marienburg und über die Weichsel bei Dirschau im Jahre 1857 erfolgte der Lückenschluß zu der seit 1853 bestehenden Ostbahnstrecke Marienburg–Königsberg. Nachdem 1857 die Ostbahn auch zwischen Kreuz und Frankfurt a.O. fertiggestellt war, wanderten diese Verkehre nach Ostpreußen und Posen auf die kürzere Verbindung ab.

Ende der fünfziger Jahre begann die Berlin-Stettiner Eisenbahngesellschaft ihr Streckennetz der Stammbahn (Netz A), der Hinterpommerschen (Netz B,D) und der Vorpommerschen Eisenbahn (Netz C) systematisch auszudehnen. In der vierten Periode des preußischen Eisenbahnwesens – 1863 bis 1877 – entstanden die Strecken aus eigener Initiative oder mit Zinsgarantie des Staates.

Rund zwanzig Jahre sollten vergehen, bis das Bestreben der uckermärkischen bzw. vorpommerschen Städte Prenzlau, Pasewalk, Anklam und der Hansestädte Greifswald und Stralsund nach einem Anschluß an die Stammbahn bei Angermünde Realität wurde.

Am 21. Juni 1861 konzessioniert, wurden knapp zwei Jahre später am 16. März 1863 die Strecke von Angermünde bis Anklam und die Zweigbahn von Stettin nach Pasewalk eröffnet. Am 01. November 1863 folgten der Streckenabschnitt von Anklam bis Stralsund und die Zweigbahn von Züssow nach Wolgast.

Zwischen 1859 und 1870 wurde Hinterpommern »auf Veranlassung des Staates und unter dessen Zinsgarantie« erschlossen.

Am 01. Juni 1859 ging die Strecke von Stargard nach Köslin und von Belgard abzweigend der Anschluß zur Küste nach Kolberg in Betrieb. Damit waren wesentliche Regionen Pommerns mit der Provinzhauptstadt verbunden. Die Gesellschaft betrieb ihre Interessen konsequent weiter in Richtung Danzig. Es gingen jedoch zehn Jahre ins Land, bis am 01. Juli 1869 der Abschnitt Köslin–Stolp fertiggestellt und ein Jahr später die ersten Züge von Stettin über Stolp–Zoppot nach Danzig verkehrten. Nunmehr war Danzig von zwei Seiten über die Ostbahn und über die Hinterpommersche Eisenbahn erreichbar.

An der Südflanke ihres Interessengebietes betrieb die Berlin-Stettiner Gesellschaft vor 130 Jahren die eisenbahnseitige Erschließung der Oderregion zwischen Neustadt Eberswalde und Frankfurt a.O. Ohne Zinsgarantie des preußischen Staates wurde 1865/1866 die Zweigbahn von Neustadt nach Wriezen a.O. erbaut und am 15. Dezember 1866 in Betrieb genommen.

Das Direktorium verfolgte mit Sorge und Argwohn die Entwicklung östlich der Oder. Dort baute die Breslau-Schweidnitz-Freiburger Eisenbahngesellschaft die 1871 konzessionierte Magistrale Breslau–Küstrin–Stettin, die für die Stettiner zur Konkurrenz in der Kohleabfuhr aus Schlesien wurde. Die Generalversammlung beschloß deshalb im April 1872 die Errichtung der Zweigbahn von Angermünde nach Freienwalde a.O. und von Wriezen nach Frankfurt a.O. Beide Strecken gingen 1877 in Betrieb. Neben dem Anliegen der Direktoren, eine günstige Verbindung zwischen der Stammbahn und dem Eisenbahnknoten Frankfurt und damit weiter nach Schlesien und Sachsen zu erhalten, dienten beide Strecken regional der verkehrlichen Erschließung der südlichen Uckermark und des Oderlandes.

Ende der siebziger Jahre verfügte die Berlin-Stettiner Eisenbahngesellschaft über ein Streckennetz von 961 km, davon 805 km Hauptbahnen /30/. Sie brachte damit in die nun anstehende Verstaatlichung der Eisenbahnen eines der größten Privatbahnnetze in Preußen ein.

Bismarck bemühte sich nach der Reichsgründung verstärkt um die Verwirklichung seines Reichseisenbahn-Gedankens. Die Reichsverfassung bestimmte in Artikel 4 die Unterstellung des Eisenbahnwesens mit Ausnahme der Bahnen in Bayern unter die Aufsicht des Reiches. Diese Befugnis hatte jedoch zunächst keinerlei praktische Bedeutung.

Am 01. Januar 1878 übernahm der preußische Staat kraft des ihm durch die der Gesellschaft gewährte Zinsgarantie zustehenden Rechts die Verwaltung und den Betrieb der Hinterpommerschen Eisenbahn. Sie fuhr in den siebziger Jahren nicht die erwarteten Ergebnisse ein und belastete den Fiskus mit hohen Zuschüssen, die sich 1877 auf rund 19,9 Millionen Mark beliefen. Die gesamte Strecke bis Danzig wurde der Königlichen Direktion der Ostbahn in Bromberg unterstellt.

Eine ähnlich prekäre Situation bei der Vorpommerschen Bahn belastete 1878 das Staatssäckel mit rund 14,8 Millionen Mark. Dagegen brachten große Verkehrsleistungen auf der Stammbahn und ihren Zweigbahnen den Aktionären in den sechziger und siebziger Jahren hohe Dividende zwischen sieben und zwölf Prozent ein. Trotzdem sahen die Stettiner Direktoren angesichts der Konkurrenz der Magistrale Breslau–Stettin auf der Ostseite der Oder und der seit 1878 existierenden Nordbahn Berlin–Neustrelitz–Stralsund die eigene Gesellschaft »auf das empfindlichste bedroht«. So kam ihnen das verstärkte Bestreben Bismarcks und des 1878 berufenen Ressortministers von Maybach nach umfassender Verstaatlichung der Eisenbahnen in Preußen wohl sehr genehm. Sie boten dem Staat das gesamte Unternehmen zum Kauf an, zumal ihnen hohe Abfindungen winkten.

Unbeeindruckt von allen Randerscheinungen trieb Bismarck die Verstaatlichung in Preußen voran, zumal er im 1879 neugewählten Landtag die Konservativen und eine Mehrheit der Liberalen hinter sich wußte. In seiner Thronrede zur Eröffnung des Landtages am 28. Oktober 1879 schwor Wilhelm die Abgeordneten auf die Bismarcksche Linie u.a.

Concessions= und Bestätigungs=Urkunde, betreffend die Anlage einer Eisenbahn von Angermünde nach Stralsund, mit Zweigbahnen von Pasewalk nach Stettin und von Züssow nach Wolgast, durch die Berlin=Stettiner Eisenbahngesellschaft.
Vom 21. Juni 1861.

Wir Wilhelm, von Gottes Gnaden, König von Preußen usw.
Nachdem die unterm 12. Oktober 1840 landesherrlich bestätigte Berlin=Stettiner Eisenbahngesellschaft in ihrer General=Versammlung vom 15. April 1861 beschlossen hat, ihr Unternehmen auf Grund des unterm heutigen Tage von Uns bestätigten Vertrages vom 16. Mai 1861 auf den Bau und Betrieb einer Eisenbahn von Angermünde nach Stralsund auszudehnen, wollen Wir der gedachten Gesellschaft zum Bau und Betrieb der vorbezeichneten Eisenbahn, welche von Angermünde im Anschlusse an die Berlin=Stettiner Eisenbahn über Prenzlau, Pasewalk, Anklam und Greifswald nach Stralsund mit Abzweigungen von Pasewalk nach Stettin und von Züssow nach Wolgast, sowie mit Verbindungs=Gleisen vom Stralsunder Bahnhofe am Triebseer=Thore bis zum Hafen am Frankenthore, vom Greifswalder Bahnhofe nach dem Ryckflusse und vom Wolgaster Bahnhofe nach dem Hafen an der Peene zu führen ist, hierdurch Unsere landesherrliche Konzession mit der Maßgabe erteilen, daß die allgemein festgestellten Bedingungen in Betreff der Benutzung der Eisenbahn für militärische Zwecke (Gesetz=Sammlung für 1843, S. 373) auf die vorgedachten neuen Eisenbahnen Anwendung finden sollen. Auch wollen Wir den anliegenden, auf Grund der in der General=Versammlung vom 15. April 1861 gefaßten Beschlüsse ausgefertigten zweiten Nachtrag zu dem Statut der Berlin=Stettiner Eisenbahngesellschaft hierdurch bestätigen, indem Wir zugleich bestimmen, daß die in dem Gesetze über die Eisenbahn=Unternehmungen vom 3. November 1838 ergangenen Vorschriften über die Expropriation und das Recht zur vorübergehenden Benutzung fremder Grundstücke auf die vorgedachte Eisenbahn=Unternehmung Anwendung finden sollen.
Die gegenwärtige Konzessions= und Bestätigungs=Urkunde ist nebst dem Nachtrage zu dem Statute durch die Gesetz=Sammlung bekannt zu machen.
Urkundlich unter Unserer Höchsteigenhändigen Unterschrift und beigedrucktem Königlichen Insiegel.
Gegeben Schloß Babelsberg, den 21. Juni 1861

(LS)   Wilhelm

v. d. Heydt   v. Patow   v. Bernuth

Konzessionsurkunde vom 21. Juni 1861

mit den Worten ein: »In hervorragender Weise wird Ihre Mitwirkung auf dem Gebiete des Eisenbahnwesens in Anspruch genommen werden. ... Meine Regierung (hat) mehrere Verträge vereinbart, welche die Überführung wichtiger Aktien-Eisenbahn-Unternehmungen in die Hände des Staates zum Gegenstand haben. Dieselben werden alsbald Ihrer Beschlußfassung unterbreitet werden« /30/. Am folgenden Tag wurde dem Hause der Entwurf zum »Gesetz, betreffend den Erwerb mehrerer Privatbahnen für den Staat« /4/ vorgelegt, befürwortet und am 20. Dezember 1879 mit Königlicher Verordnung in Kraft gesetzt.

Danach gingen am 01. Februar die Verwaltung und der Betrieb der Berlin-Stettiner Eisenbahn an den Staat über. Nahezu zeitgleich verfügte Wilhelm mit Allerhöchstem Erlaß vom 29. Dezember 1879, für die Verwaltung des Unternehmens »eine Behörde in Stettin unter der Firma – Königliche Direktion der Berlin-Stettiner Eisenbahn – « einzurichten. Ausgenommen war die Hinterpommersche Eisenbahn, für deren Aufsicht die Königliche Direktion der Ostbahn mit Wirkung vom 01. April 1880 ein Eisenbahn-Betriebsamt mit Sitz in Stettin errichtete.

Mit der Übernahme der Anleihen durch den preußischen Staat ging die Bahn 1885 endgültig in Staatsbesitz über. Die Berlin-Stettiner Eisenbahngesellschaft wurde juristisch aufgelöst.

1.2 Projekte zum Bau einer Vorpommerschen Eisenbahn

Im »Prospectus der Berlin=Stettiner Eisenbahn=Gesellschaft vom 08. April 1839« finden wir das folgende bemerkenswerte Zitat:
»Der von den Bewohnern Prenzlaus und der Uckermark eifrigst angeregte, und durch bedeutende Geldmittel unterstützte, Anschluß Prenzlaus würde derselben (gemeint ist die Berlin-Stettiner Bahn) noch eine sehr namhafte Frequenz aus dieser reichen Provinz, aus Vorpommern und Mecklenburg zuführen.« /1/.

Das Prenzlauer Eisenbahnkomité hatte bereits 1837 einen Bericht zum Eisenbahnanschluß gefertigt – zu einem Zeitpunkt, als der Ober-Wegebau-Inspektor Friedrich Neuhaus seine ersten Trassierungsvorschläge zur Eisenbahnlinie Berlin–Stettin vorlegte. Er wollte zunächst erreichen, daß die Eisenbahn möglichst nahe an die Stadt herangeführt wird. Anfang 1839 fuhr eine Deputation unter Leitung des Bauinspektors Domming zur Generalversammlung nach Stettin, mit der Absicht dieses Ziel mit einer Geldzuwendung für den Bau der Bahn in Höhe von 30 000–50 000 Mark zu unterstützen /2/. Vorteile aus Prenzlauer Sicht waren:
– Geringe Terrainschwierigkeiten,
– Prenzlaus Lage als Mittelpunkt der Uckermark und Durchgangspunkt für den Personen- und Güterverkehr aus Neu-Vorpommern und Mecklenburg auf den bestehenden Chausseen,
– Die Rendite der Aktiengesellschaft würde sich mit der Teilnahme Prenzlaus erhöhen.

Wie wir im »Prospectus« sehen, blieben die Wünsche nicht ungehört. Die Stettiner Eisenbahngesellschaft war zu diesem Zeitpunkt bereits, die Bahn bis auf zwei Meilen an die Stadt heranzuführen, um den Bau einer kurzen Zweigbahn zu ermöglichen. Mit einer solchen Lösung glaubten die Prenzlauer auch die Interessen der vorpommerschen Hafenstädte zu vertreten. Aus einem diesbezüglichen Schreiben an den Greifswalder Magistrat entnehmen wir derartige Hinweise /2/:
– Die Bahnanbindung sei von Nutzen für den Verkehr und den Handel zwischen Schweden, Neu-Vorpommern und Berlin auf den vorhandenen Chausseen.
– Vorteile ergeben sich für die Anlegung einer Eisenbahn zwischen Prenzlau und Stralsund und für Bahnprojekte, die die

Ostsee mit dem »Mittelländischen Meere« verbinden sollte.

Man wollte auch erreichen, daß sich die Hafenstädte finanziell beteiligen. Da stieß Prenzlau jedoch auf taube Ohren. Beim Bau der Berlin-Stettiner Eisenbahn wählte die Gesellschaft dann aber eine begradigte und kürzere Linienführung, die Variante »nahe Prenzlau« wurde aus Kostengründen nicht realisiert. Der Magistrat mußte 1843 konstatieren:

» ... man habe bewirkt, daß in Passow ein Bahnhof angelegt wurde.«

Die Prenzlau-Angermünder Chaussee erhielt bei Gramzow eine Abzweigung nach Passow. Damit wurde ein durchgehender Straßenanschluß von Neubrandenburg (Mecklenburg) über Prenzlau an die Eisenbahn erreicht.

Der im Februar 1844 eingereichte Antrag zur Anlage einer »Uckermärkischen Eisenbahn« von Prenzlau nach Passow stieß beim preußischen Staats- und Finanzminister auf keine Gegenliebe. Der Kampf um eine direkte Eisenbahnanbindung wurde von Prenzlau mit der Hoffnung weitergeführt, daß aus Vorpommern Unterstützung kommen würde.

Gestützt auf die Allerhöchste Kabinettsorder vom 22. November 1842 (Gesetzsammlung 1842, Nr. 25) » ... über die Beförderung einer umfassenden Eisenbahn-Verbindung zwischen den verschiedenen Provinzen der Monarchie« tauchte ein Konkurrenzvorhaben mit dem geplanten Bau einer Eisenbahn von Berlin über Neustrelitz nach Stralsund auf. Sie sollte von Berlin über Oranienburg, Lychen, Neu-Strelitz, Treptow, Demmin, Loitz, Grimmen nach Stralsund führen. 1844 bildeten sich in Stralsund Interessengruppen für ein solches Unternehmen. Damit würden die Städte Prenzlau, Pasewalk, Anklam und Greifswald unberücksichtigt bleiben. Dies rief nun besonders die beiden Letztgenannten zu stärkeren Aktionen auf. Schließlich waren Greifswald und Stralsund auch Konkurrenten im Schiffsverkehr über die Ostsee.

Der Magistrat von Greifswald beschloß am 17. Februar 1844 ein Komité in dieser Angelegenheit zu bilden und stellte am 07. März 1844 den Antrag an den Königlichen Staats- und Finanzminister, eine Eisenbahn über Greifswald anzulegen. Dieser hielt sich jedoch bedeckt und schrieb in seiner Antwort vom 23. März 1844:

» .., daß die Angelegenheit zum Bau einer Bahnverbindung Neu-Vorpommerns mit Berlin unter Einbeziehung Greifswalds erst noch geprüft werde« /2/.

Die Stadt Anklam übergab 1845 ein ganz konkretes Eisenbahnprojekt an den Minister für Handel und Gewerbe und richtete am 17. November 1849 an denselben eine erneute Petition, das eingereichte Projekt »Passow–Prenzlau–Pasewalk–Anklam–Greifwald–Stralsund« zu unterstützen, da mit der Variante über Neustrelitz bedeutende Landesteile der Uckermark und Pommerns bis Greifswald von der Eisenbahn abgeschnitten bleiben.

König Friedrich Wilhelm IV. blieb jedoch zunächst bei seiner Meinung und konzessionierte am 18. Juni 1853 die Eisenbahn Berlin–Neustrelitz–Stralsund (Nordbahn).

Die Berlin-Stettiner Eisenbahngesellschaft betonte trotzdem weiterhin ihren Willen zum Bau einer Eisenbahn von Passow nach Stralsund – zumindest aber bis Greifswald.

Am 16. November 1853 hatte der Preußische König auf Drängen seiner Minister – sie lehnten eine staatliche Unterstützung des Nordbahn-Projektes ab – dem Bau folgender Strecken zugestimmt:

Passow–Greifswald
Züssow–Wolgast
Pasewalk–Stettin.

Für den Teil Greifswald–Stralsund hatte er sich eine Entscheidung noch vorbehalten.

Das Direktorium der Berlin-Stettiner Eisenbahn schrieb daraufhin dem Greifswalder Magistrat am 28. November 1853:

»Die Schwierigkeiten, welche der Allerhöchsten Conzessionierung einer Eisenbahn von Passow nach Stralsund entgegenstehen, haben uns zu dem Entschlusse veranlaßt, unserer Gesellschaft nur den Bau einer Eisenbahn von Passow über Prenzlau, Pasewalk und Anklam nach Greifswald, eventuell mit einer Zweigbahn nach Wolgast, in Vorstellung zu bringen« /2/.

Da auch die Zustimmung zu einer Zweigbahn von Stettin nach Pasewalk vorlag, mußte nun die Generalversammlung einen Beschluß fassen.

Die Gesellschaft beauftragte 1853 ihren Abteilungsingenieur Busse ein Eisenbahnprojekt Passow-Greifswald auszuarbeiten, welches dieser am 02. Januar 1854 vorlegte. 1855 ergänzte er es bis Stralsund. Da dieses Projekt sehr interessant und für den späteren Bahnbau mitbestimmend war, möchten wir etwas ausführlicher darauf eingehen.

Grundlage der Arbeit war das Anklamer Projekt von seinem Kollegen Oberingenieur Arndt aus dem Jahre 1845. Nach Arndt sollte die Vorpommersche Bahn zwischen Angermünde und Passow in der Nähe der Bruchhagener Mühle von der Stettiner Strecke abzweigen. Dies änderte Busse und sah dafür Passow vor, zwischen Prenzlau und Greifswald behielt er dessen Linienführung bei. Passow kam für ihn deshalb in Frage, weil die Verbindung von Prenzlau nach Stettin erheblich verkürzt wurde und die Geländeverhältnisse günstiger waren. Sicher spielte auch eine Rolle, daß der Straßenverkehr aus Richtung Greifswald und Prenzlau inzwischen den Anschluß an die Eisenbahn in Passow bevorzugte.

Als Hauptstationen waren Prenzlau, Pasewalk, Anklam und Greifswald, als Zwischenstationen Gramzow, Nechlin, Ferdinandshof und Züssow vorgesehen – außerdem hatte er noch Haltestellen am Königlichen Rothenmühler Forst (Jatznick) und in Ducherow geplant. Damit erhoffte man sich ein ausreichendes Einzugsgebiet im Personen- und Güterverkehr. Im Projekt wurde dies so begründet:

»Der Personenverkehr wird nicht ein massenhafter, aber konstant ein mittelmäßig guter sein, die von der Bahn durchschnittenen gut bevölkerten, insbesondere aber sehr produktiven Distrikte mit ihren wohlhabenden Bewohnern berechtigen zu dieser Annahme. Der Güterverkehr wird sich nicht nur auf alle Erzeugnisse der Landwirtschaft und der hier heimischen Industrie, sondern auch wegen des Anschlusses mehrerer Hafenplätze auf diejenigen Handelsartikel erstrecken, welche an letzteren Orten überseeisch aus- und eingeführt werden«.

In Anklam und Greifswald waren jeweils eine Gleisverbindung zwischen den Bahnhöfen und den Flüssen Peene und Ryck sowie die Errichtung von Bollwerken und Ladevorrichtungen vorgesehen.

An baulichen Anlagen waren u.a. zwischen Passow und Greifswald geplant:
– 117 Wegübergänge
– 5 Brücken für Wegunterführungen
– 78 Durchlässe
– 51 Brücken für den Wasserdurchfluß
– 3 größere Brücken – Ückerbrücke bei Prenzlau, Zarrowbrücke bei Ferdinandshof und Peenebrücke bei Anklam
– 85 Wohnhäuser entlang der Strecke für die Wärter.

Bei Greifswald war die Erbauung einer kleineren Reparaturwerkstatt und die Anlage einer Cooksbrennerei veranschlagt. Auf den Hauptstationen sollten Lokomotivschuppen, Personenwagenschuppen und Drehscheiben errichtet werden. Zur Sicherheit der Betriebsführung wurden optische Signale, elektromagnetische Telegrafie und Schlagbaum-Barrieren als unbedingtes Erfordernis erkannt.

An Betriebsmitteln sah das Projekt vor:
– 16 Lokomotiven
– 28 Personenwagen
– 6 Gepäckwagen und 86 Güterwagen.

Die Bauzeit sollte zwei Jahre und das Anlagekapital 4 250 000 Taler betragen. Die 1856 überarbeitete Variante bis nach Stralsund kostete etwa 5 550 000 Taler /3/.

Diese Situation rief nun wieder die Stadt Prenzlau zur Aktion auf und ein provisorisches Komité ließ Aktien für den Bau dieser Eisenbahn zeichnen (ab 21. April 1856).

In den folgenden Sitzungen der Generalversammlung der Berlin-Stettiner Eisenbahngesellschaft standen immer die Rentabilität und die Streckenführung zur Diskussion. Es gab zwischenzeitlich auch die Variante, nur die Strecken Stettin–Pasewalk und Pasewalk–Anklam–Stralsund zu bauen (Generalversammlung der BSTE 1856 /4/).

Letztendlich setzte sich 1860 die Streckenführung Angermünde–Stralsund mit Zweigbahnen Stettin–Pasewalk und Züssow–Wolgast sowie Anschluß der Häfen in Wolgast, Greifswald und Stralsund durch.

Bei Eisenbahnprojekten durch Vorpommern spielte stets der Gedanke der Verbindung Berlins und Mitteldeutschlands mit den Ostseehäfen eine Rolle. In der Blütezeit der Segelschiffahrt auf der Ostsee in der Mitte des 19. Jahrhunderts waren in Stralsund etwa 100 Schiffe, in Greifswald und Wolgast je ca. 50 beheimatet. Sie fuhren alle wichtigen Häfen in der Ost- und Nordsee – aber auch in Europa und Übersee an. Das ergab ein gutes Transportaufkommen zur Weiterbeförderung durch eine zukünftige Eisenbahn.

Im Mai und Juli 1860 stimmten Generalstabschef von Moltke und das Kriegsministerium »im wesentlichen« dem Bahnbau zu /3/. Die Auseinandersetzung mit Dänemark um Schleswig-Holstein erforderte gute Transportmöglichkeiten von Mitteldeutschland an die Küste, um für einen Krieg (1864) gerüstet zu sein. Den Strecken Angermünde–Stralsund (ggf. mit Fortsetzung nach Rostock) und Pasewalk–Stettin wurde seitens des Militärs »besonderer Wert« beigemessen und der Bau befürwortet.

Die Stadt Stralsund wollte bis Ende der 50er Jahre eigentlich immer die kürzere Verbindung über Neustrelitz nach Berlin. Die Städte der Uckermark und Vorpommerns sahen sich durch die starre Haltung Stralsunds benachteiligt. Die Konkurrenz der benachbarten Hafenstädte Greifswald und Stralsund im Ostsee- und insbesondere im Schwedenverkehr spielte hierbei auch eine Rolle. Der ständige Geldmangel und die unrühmlich lange Baugeschichte des Nordbahnprojektes brachten dann jedoch auch Stralsund zur Teilnahme am geplanten Bahnbau der Berlin-Stettiner Eisenbahngesellschaft. Schließlich wollte die Hansestadt den Anschluß nicht verpassen. Nachdem durch mehrere Variantenuntersuchungen die Rentabilität und die genaue Linienführung feststanden, stimmte im Dezember 1860 der »Neu-Vorpommersche Communal-Landtag« in Stralsund dem Bahnbau zu.

Am 15. April 1861 beschloß die Generalversammlung der BSTE ihr Unternehmen auf den Bau und Betrieb der Uckermärkisch-Vorpommerschen Eisenbahn auszudehnen.

Das preußische Herrenhaus gab am 25. April 1861 sein »Ja« zum »Gesetz, betreffend die Übernahme einer Zinsgarantie für das Anlagekapital einer Eisenbahn von Angermünde nach Stralsund«.

Damit waren geregelt:
– Die Garantie des Staates für einen jährlichen Reinertrag von vier und einem halben Prozent des in diesem Unternehmen anzulegenden Kapitals bis auf eine Höhe von 12 000 000 Reichstaler.
– Der zum Bau der Zweigbahn und zur Anlegung der Bahnhöfe erforderliche Grund und Boden wird nach den genehmigten Bauplänen von seiten der beteiligten Korporationen unentgeltlich überwiesen.
– Sollte fünf Betriebs-Kalenderjahre hintereinander ein Zuschuß, oder nach Verlauf der ersten drei Betriebs-Kalenderjahre in einem Jahre der gesamte Zuschuß von vier

und einem halben Prozent zu den Zinsen der Prioritäts-Obligationen aus der Staatskasse geleistet werden müssen, so ist der Staat berechtigt, die Verwaltung und den Betrieb der Zweigbahnen zu übernehmen.

Im Bericht des Herrenhauses zum o.g. Gesetzentwurf können wichtige Gründe zum Bau der Vorpommerschen Eisenbahn nachgelesen werden /2/:
– Nunmehr die Uckermark und Neu-Vorpommern aus der Isolierung zu heben und die wichtigen Häfen dieses Landesteiles unter sich und mit dem Eisenbahnnetz der Monarchie in Verbindung zu bringen, gleichzeitig aber auch wichtigen Gesichtspunkten der Landesverteidigung Rechnung zu tragen.
– Die Bedeutung der Bahn gehe weit über das Lokale der Provinz Pommern und der Uckermark hinaus. Sie sei bestimmt, die projektierten Bahnen aus Mecklenburg aufzunehmen, auch die Verbindung mit der Schwedischen Bahn von Stockholm nach Malmö, insonderheit aber die Verbindung zwischen Hamburg und den Russischen Bahnen dereinst zu vermitteln.
– Die Absetzung der Pasewalk–Angermünder Teilstrecke fand keine Befürwortung. Ein Hauptgesichtspunkt für den Bau, Neu-Vorpommern in eine entsprechend nahe Verbindung mit Berlin zu bringen, und solche auch der Uckermark zuzuwenden, würde damit verfehlt werden.
– Die vollständige Lage der Bahn im Inlande (Preußen) wird insonderheit den im Großherzogtum Mecklenburg obwaltenden Zollverhältnissen gegenüber als ein unbedingt empfehlendes Moment anerkannt.

Mit der Annahme des Gesetzes zur Zinsgarantie des preußischen Staates und der Allerhöchsten Bestätigung am 22. Mai 1861 waren die letzten Hürden zur Erteilung der Konzession genommen.

Die Konzessions- und Bestätigungsurkunde unterzeichnete Prinzregent Wilhelm am 21. Juni 1861 /4/.

Der Bau der Angermünde-Stralsunder Eisenbahn konnte beginnen!

2

Bau und Eröffnung

Bereits am 26. Februar 1861 war ein Vertrag zum Bau der Zweigbahn Angermünde–Stralsund, Züssow–Wolgast und Stettin–Pasewalk zwischen dem Direktorium der Berlin-Stettiner Eisenbahngesellschaft und dem Königlichen Eisenbahn-Kommissariat zu Berlin abgeschlossen worden. Dies geschah allerdings vorbehaltlich »... der landesherrlichen Genehmigung, des Verwaltungs=Rathes und der Genehmigung einer General=Versammlung der Actionäre der Berlin=Stettiner Eisenbahn=Gesellschaft« /12/. Wie wir wissen, wurden sie allesamt erteilt.

Die geometrischen Vorarbeiten unter Leitung des Geheimen Regierungsrates Stein fanden schon im Jahre 1859 statt. Er wirkte ab 1861 als Oberbauleiter, wobei ihm »vor Ort« der Abteilungs-Baumeister Suche zur Seite stand. Im Jahre 1863 berief die Gesellschaft Stein unter Würdigung seiner Verdienste in das Direktorium.

Am 01. August 1861 begannen mehrere hundert Arbeiter an verschiedenen Stellen des Kreises Angermünde mit dem Bau der Strecke.

Auf dem Bahnhof Angermünde (km 70,7) selbst waren umfangreiche Arbeiten erforderlich. Das 1862/1863 angelegte 2. Gleis von Berlin nach Angermünde mußte in den Südkopf eingeführt und neue Gleis- und Sicherungsanlagen für die Strecke nach Stralsund errichtet werden. 1861 beginnend wurden ein neues größeres Empfangsgebäude und 1863 ein Tunnel erbaut, um die Reisenden von der Stadtseite aus gefahrlos zu den in Insellage befindlichen Abfertigungsanlagen zu führen. Desweiteren kam ein zweiter größerer Lokomotivschuppen hinzu.

Die eingleisige Strecke in Richtung Prenzlau zweigte etwa 500 m nördlich des Stationsgebäudes von der Berlin-Stettiner Eisenbahn ab und hatte als erstes natürliches Hindernis »Die Welse« zu überwinden.

Das leicht hügelige Gelände entlang derÜckerseen bereitete keine besonderen Probleme für den Bahnbau bis Prenzlau. Zwischen den größeren Bahnhöfen Angermünde und Prenzlau entstanden folgende Stationen:

»Eingang« zum Bf Angermünde um 1900.
Heimatmuseum Angermünde

Bekanntmachung der Berlin-Stettiner Eisenbahn

Am 16. März c. wird die Betriebseröffnung auf den Vorpommerschen Bahnstrecken Angermünde-Anclam und Pasewalk-Stettin stattfinden und tritt von diesem Zeitpunkte ab folgender Fahrplan für unsere Bahnen in Kraft.

Richtung Angermünde-Anclam und Pasewalk-Stettin

Personenzüge
1. Abfahrt Angermünde Morgens 9 Uhr 9 Min/Ankunft Anclam Mittags 12 Uhr 20 Min
2. Abfahrt Prenzlau Morgens 4 Uhr 55 Min/Ankunft Pasewalk Morgens 5 Uhr 34 Min
    Abfahrt Pasewalk Morgens 6 Uhr 10 Min/Ankunft Stettin Morgens 7 Uhr 23 Min
3. Abfahrt Angermünde Abends 9 Uhr 3 Min/Ankunft Anclam Nachts 12 Uhr 14 Min
4. Abfahrt Prenzlau Nachm. 4 Uhr 55 Min/Ankunft Pasewalk Nachm. 5 Uhr 34 Min
    Abfahrt Pasewalk Abends 6 Uhr 5 Min/Ankunft Stettin Abends 7 Uhr 18 Min

Güterzüge
Die Güterzüge der Vorpommerschen Bahnstrecken nehmen ihren Anfang in Berlin und werden in umgekehrter Richtung direct ebendahin geführt.
5. Abfahrt Berlin Morgens 7 Uhr 50 Min/Ankunft Angermünde Morgens 10 Uhr 43 Min
6. Abfahrt Angermünde Vorm. 11 Uhr 3 Min/Ankunft Anclam Nachm. 3 Uhr 48 Min
    Abfahrt Pasewalk Nachm. 3 Uhr 2 Min/Ankunft Stettin Nachm. 4 Uhr 45 Min

Richtung Anclam-Angermünde und Stettin-Pasewalk

Personenzüge
1. Abfahrt Anclam Morgens   4 Uhr 30 Min/Ankunft Angermünde Morg. 7 Uhr 51 Min
2. Abfahrt Stettin Morgens 9 Uhr 40 Min/Ankunft Pasewalk Vorm. 10 Uhr 48 Min
    Abfahrt Pasewalk Vorm. 11 Uhr 20 Min/Ankunft Prenzlau Mittags 12 Uhr 2 Min
3. Abfahrt Anclam Nachm. 4 Uhr 30 Min/Ankunft Angermünde Abends 7 Uhr 51 Min
4. Abfahrt Stettin Abends 9 Uhr 35 Min/Ankunft Pasewalk Abends 10 Uhr 43 Min
    Abfahrt Pasewalk Abends 11 Uhr 15 Min/Ankunft Prenzlau Nachts 11 Uhr 57 Min

Güterzüge
5. Abfahrt Anclam Vorm. 11 Uhr 5 Min/Ankunft Angermünde Nachm. 4 Uhr 44 Min
    Abfahrt Angermünde Nachm. 5 Uhr 10 Min/Ankunft Berlin Abends 8 Uhr 10 Min

6. Abfahrt Stettin Vorm. 11 Uhr 25 Min/Ankunft Pasewalk Mittags 1 Uhr 4 Min

Das Nähere ergeben die mit einer Übersichtskarte versehenen, auf jeder Station käuflich zu habenden gedruckten Fahrpläne.

Stettin, den 9. März 1863
Directorium der Berlin-Stettiner Eisenbahn-Gesellschaft

Fahrplan Angermünde–Anklam vom 16. März 1863

Bekanntmachung der Berlin-Stettiner Eisenbahn

Am 1. November d.J. werden unsere vorpommerschen Bahnstrecken Anclam-Stralsund
und Züssow-Wolgast für den Betrieb eröffnet.
Die Beförderung von Personen, Gütern auf diesen Bahnstrecken erfolgt überall nach Maßgabe der Bestimmungen des für unsere übrigen Bahnstrecken gültigen Reglements vom 16. März 1862, welches zum Preise von 2 ½ Sgr. , und nach Maßgabe unseres Tarifs, welcher zum Preise von 7 ½ Sgr. bei allen unseren Billetkassen käuflich ist. Gleichzeitig tritt mit dem 1. November cr. für den ganzen Bereich unserer Verwaltung folgender Fahrplan in Kraft :

Richtung Berlin-Angermünde-Stralsund

Personenzüge
1. Abfahrt Berlin 6 Uhr 25 Min Morgens/Ankunft Pasewalk 10 Uhr 5 Min Vorm.
    Abfahrt Pasewalk 10 Uhr 15 Min Vorm./Ankunft Stralsund 1 Uhr 24 Min Nachm.
2. Abfahrt Berlin 4 Uhr 30 Min Nachm./Ankunft Pasewalk 8 Uhr 13 Min Abends
    Abfahrt Pasewalk 8 Uhr 23 Min Abends/Ankunft Stralsund 11 Uhr 32 Min Nachts
3. Abfahrt Prenzlau 7 Uhr 57 Min Morgens/Ankunft Pasewalk 8 Uhr 34 Min Morgens
4. Abfahrt Prenzlau 4 Uhr 33 Min Nachm./Ankunft Pasewalk 5 Uhr 10 Min Nachm.
5. Abfahrt Anclam 6 Uhr - Min Morgens/Ankunft Stralsund 8 Uhr 48 Min Morgens
6. Abfahrt Angermünde 11 Uhr 3 Min Vorm./Ankunft Pasewalk 1 Uhr 47 Min Nachm.
    Abfahrt Pasewalk 2 Uhr 14 Min Nachm./Ankunft Anclam 3 Uhr 56 Min Nachm.
Die Züge sub 5 und 6 sind gemischte Züge.
Güterzug
7. Abfahrt Berlin 7 Uhr 50 Min Morgens/Ankunft Angermünde 10 Uhr 43 Min Vorm.

Richtung Stralsund-Angermünde-Berlin

Personenzüge
1. Abfahrt Stralsund 5 Uhr 30 Min Morgens/Ankunft Pasewalk 8 Uhr 39 Min Vorm.
    Abfahrt Pasewalk 8 Uhr 48 Min Vorm./Ankunft Berlin 12 Uhr 35 Min Mittags
2. Abfahrt Stralsund 2 Uhr 10 Min Nachm./Ankunft Pasewalk 5 Uhr 19 Min Nachm.
    Abfahrt Pasewalk 5 Uhr 28 Min Nachm./Ankunft Berlin 9 Uhr 8 Min Abends
3. Abfahrt Pasewalk 10 Uhr 20 Min Vorm./Ankunft Prenzlau 10 Uhr 59 Min Vorm.
4. Abfahrt Pasewalk 8 Uhr 28 Min Abends/Ankunft Prenzlau 9 Uhr 7 Min Abends
5. Abfahrt Anclam 11 Uhr 41 Min Vorm./Ankunft Pasewalk 1 Uhr 32 Min Nachm.
    Abfahrt Pasewalk 2 Uhr 7 Min Nachm./Ankunft Angermünde 5 Uhr 2 Min Nachm.
6. Abfahrt Stralsund 6 Uhr - Min Abends/Ankunft Anclam 8 Uhr 48 Min Abends
Die Züge sub 5 und 6 sind gemischte Züge.
Güterzug
7. Abfahrt Angermünde 5 Uhr 23 Min Nachm./Ankunft Berlin 8 Uhr 14 Min Abends

Stettin, den 23. Oktober 1863.
Direktorium der Berlin-Stettiner Eisenbahn-Gesellschaft

Fahrplan der Berlin-Stettiner Eisenbahn-Gesellschaft
Richtung Pasewalk-Stettin

1. Abfahrt Pasewalk 8 Uhr 55 Min Morgens/Ankunft Stettin 10 Uhr 7 Min Vorm.
2. Abfahrt Pasewalk 5 Uhr 37 Min Nachm./Ankunft Stettin 6 Uhr 47 Min Abends
3. Abfahrt Pasewalk 2 Uhr 12 Min Nachm./Ankunft Stettin 3 Uhr 55 Min Nachm.

Der Zug sub 3 ist ein gemischter Zug.

Richtung Stettin-Pasewalk

1. Abfahrt Stettin 8 Uhr 45 Min Morgens/Ankunft Pasewalk 9 Uhr 51 Min Vorm.
2. Abfahrt Stettin 7 Uhr - Min Abends/Ankunft Pasewalk 8 Uhr 5 Min Abends
3. Abfahrt Stettin 12 Uhr 5 Min Mittags/Ankunft Pasewalk 1 Uhr 44 Min Nachm.

Der Zug sub 3 ist ein gemischter Zug.

Richtung Züssow-Wolgast

1. Abfahrt Züssow 12 Uhr 10 Min Mittags/Ankunft Wolgast 12 Uhr 40 Min Nachm.
2. Abfahrt Züssow 3 Uhr 50 Min Nachm./Ankunft Wolgast 4 Uhr 20 Min Nachm.
3. Abfahrt Züssow 7 Uhr 10 Min Morgens/Ankunft Wolgast 7 Uhr 53 Min Morgens
4. Abfahrt Züssow 10 Uhr 20 Min Abends/Ankunft Wolgast 11 Uhr 3 Min Abends

Die Züge sub 3 und 4 sind gemischte Züge.

Richtung Wolgast-Züssow

1. Abfahrt Wolgast 11 Uhr 10 Min Vorm./Ankunft Züssow 11 Uhr 40 Min Vorm.
2. Abfahrt Wolgast 9 Uhr 20 Min Abends/Ankunft Züssow 9 Uhr 50 Min Abends
3. Abfahrt Wolgast 5 Uhr 40 Min Morgens/Ankunft Züssow 6 Uhr 25 Min Morgens
4. Abfahrt Wolgast 2 Uhr 30 Min Nachm./Ankunft Züssow 3 Uhr 15 Min Nachm.

Die Züge sub 3 und 4 sind gemischte Züge

Stettin, den 23. Oktober 1863.
Directorium der Berlin-Stettiner Eisenbahn-Gesellschaft.

Fahrplan der Vorpommerschen Bahnen vom 01. November 1863

Greiffenberg   km 79,6
Wilmersdorf   km 83,9
Seehausen   km 97,0

Bei diesem ersten Abschnitt der Vorpommerschen Eisenbahn wollen wir gleich etwas zur Ausstattung der Bahn insgesamt sagen.

Bei den Erdarbeiten wurde meist ein zweigleisiges Planum vorgesehen, um eine spätere Erweiterung der Gleisanlagen zu vereinfachen. Die Strecke rüstete man pro Meile mit acht optischen Signalen aus. Diese bestanden aus runden Holzmasten mit zwei eisernen Telegrafenflügeln. Für den elektrischen Telegra-

Fast unverändert seit 1863 sind die Empfangsgebäude bis heute erhalten geblieben.
Sammlung E. Morlok

Die Station Seehausen gibt es seit der Eröffnung der Vorpommerschen Bahn.

Das Empfangsgebäude in Prenzlau gibt es so nicht mehr. Es wurde im Zweiten Weltkrieg zerstört.
Sammlung V. Thielemann

fer wurde eine doppelte Drahtleitung an den von der Königlichen Telegrafendirektion gesetzten Stangen und die Anwendung von »Morse'schen Schreibapparaten« auf den Stationen gewählt. Für jedes optische Signal, mit Ausnahme der am Ende der Bahnhöfe aufgestellten, erbaute die BSTE ein sogenanntes »Wärter=Etablissement«. In der Nähe jedes Etablissements und auf jedem Bahnhof stellte sie ein »Läutewerk=Häuschen« auf.

Die Empfangsgebäude wählte man in der Regel zwischen Typenprojekten mit einer entsprechenden örtlichen Anpassung aus, einfache und zweckbestimmte Backsteinbauten, die sowohl die Dienst- als auch die Wohnräume enthielten. Angermünde, Prenzlau, Anklam und Greifswald erhielten entsprechend ihrer Bedeutung eine größere Ausführung, die Zwischenstationen mußten sich mit kleineren Bauten begnügen.

Die Bahnhöfe Pasewalk und Stralsund bekamen »Sonderausführungen«, die noch beschrieben werden sollen. Neben den Lokschuppen baute die BSTE auf einigen Stationen auch »Wagenremisen«. Wegen ihrer damals leichten Bauart – lackierte hölzerne Wagenkästen, wetterempfindliche Dachüberzüge, Pufferbohlen u.a. – mußten die Wagen geschützt untergebracht werden. Da das Rangieren der relativ leichten Wagen oft mit Pferden besorgt wurde, hatten manche Bahnhöfe auch Pferdeställe. Im Projekt waren für Pasewalk ein Wagenschuppen mit sechs und in Prenzlau, Anklam, Züssow, Wolgast und Stralsund mit vier Ständen vorgesehen.

Der Bf Prenzlau (km 108,3) wurde entsprechend seiner Bedeutung mit einem zweistöckigen Empfangsgebäude und ausreichenden Gleisanlagen ausgestattet. Ein Lokschuppen (zwei Stände) mit Drehscheibe und Kohlebansen, ein Wagen- und ein Güterschuppen ergänzten die Anlagen. Besondere Bedeutung hatte in Prenzlau die Aufnahme von Reisenden aus dem Umland. So mußten bereits 1865 das sogenannte Boten- und das Damenzimmer in Warteräume umgebaut werden, » ... um die Reisenden aus der Boizenburger Gegend ... « aufnehmen zu können /4/. Mit der Inbetriebnahme des Abschnittes Angermünde–Anklam ging dann endlich der Wunsch der »Hauptstadt« der Uckermark mit seinen damals rund 13 000 Einwohnern auf einen Eisenbahnanschluß in Erfüllung.

Beim Weiterbau der Strecke in Richtung Pasewalk gab es einige Probleme mit den Bodenverhältnissen in der Ückerniederung und bei der Überbrückung von Wasserläufen. Mehrere Moor- und Torflinsen mußten mit erheblichem Mehraufwand an Erdarbeiten überwunden werden. Brauchte man wegen der damals relativ geringen Lasten und Geschwindigkeiten der Züge noch keinen vollständigen Bodenaustausch vorzunehmen, mußte doch zumindest das Nachsinken der Gleisanlagen verhindert werden. Die Kosten für die Erdarbeiten erhöhten sich aus diesem Grund mehrfach. Zur Verdeutlichung der Problematik sei ergänzt, daß die leichten Loks der Vorpommerschen Bahn in den Anfangsjahren einen Achsdruck von etwa 15 t und eine Höchstgeschwindigkeit von 75 km/h aufwiesen. In späteren Jahren wurden auf Grund der steigenden Anforderungen (Achsdruck: 20 t, Geschwindigkeiten über 100 km/h) mit erheblichen Mitteln Moorlinsen beseitigt bzw. mußten Langsamfahrstellen akzeptiert werden.

Massive Brückenbauten waren notwendig zur Überquerung der

Ücker	km 119,6
Möhne	km 121,3
Freiwasser	km 122,3
Mahlbeeke	km 122,5

Im km 122,0 errichtete die BSTE die Station Nechlin.

In Pasewalk (km 132,3) begannen die Vermessungsarbeiten im Herbst 1861 mit der Absteckung des Geländes. Ein Jahr zuvor hatte der Magistrat beschlossen, kostenlos 30 Morgen Land und finanzielle Mittel zur Verfügung zu stellen. Schon am 10. November 1862 traf die erste Lokomotive von Angermünde kommend in der Stadt ein. Zur Errichtung der Bahnhofsanlagen waren umfangreiche Arbeiten zu absolvieren. Die Zweigbahn Stettin–Pasewalk wurde ja zeitgleich – mit dem Ziel der Verlängerung bis an die mecklenburgische Grenze – gebaut. Es entstand damit ein zweiseitiger Bahnhof mit dem Empfangsgebäude in der Mitte. Lok- und Wagenschuppen, Güterverkehrsanlagen sowie Abstellgleise gehörten auch hier zur Grundausstattung. Das Empfangsgebäude entsprach nicht dem »Typenprojekt« der Vorpommerschen Bahn, sondern wurde architektonisch bemerkenswerter gestaltet. Dies ist – trotz einiger Rekonstruktionen – noch heute gut erkennbar. Es gibt nur eine Straßenzufahrt zwischen den östlichen und westlichen Gleisanlagen. Der Reisenden betrat die Servicehalle und erreichte – sich nach links bzw. rechts wendend – die Bahnsteige in Richtung Berlin, Stralsund bzw. Stettin, Strasburg. Dienst-, Warte- und Wohnräume sind in das Bauwerk eingefügt. Die Bahnhofsrestauration wurde – wie auch in Prenzlau und Anklam – ab 01. April 1863 zur Verpachtung ausgeschrieben. Der Bau der Zweigbahn Stettin–Pasewalk wird im Anschluß an die Hauptstrecke beschrieben.

Im Streckenabschnitt von Pasewalk nach Anklam erwarteten die Erbauer der Eisenbahn ähnliche Bodenverhältnisse wie im vorangegangenen. Gewaltige Moor- und Torfstellen bei Jatznick, Ferdinandshof und Anklam erschwerten die Arbeiten. Von den Bauleuten wurde mit Galgenhumor berichtet, daß die Meßlatten im Moor genauso schnell verschwanden wie das Geld aus der Kasse der Berlin-Stettiner Eisenbahngesellschaft. Ergebnis der nun einsetzenden Sparsamkeit waren sogenannte »schwimmende Dämme«, mit denen man sich zum Teil noch bis in die Gegenwart beschäftigen muß (Geschwindigkeitseinschränkungen). Zur Überquerung der Zarow (km 151,5) mußte eine Brücke nördlich von Ferdinandshof errichtet werden.

Folgende Stationen entstanden in diesem Abschnitt:

Jatznick	km 142,9
Ferdinandshof	km 150,2
Borkenfriede	km 157,3
Ducherow	km 163,2

Der Bf Anklam (km 175,3) sollte den ersten Teil der Angermünde-Stralsunder Bahn begrenzen. Nach 104,6 km vom Ausgangspunkt des Bahnbaus bis Anklam erfolgte am 16. März 1863 die erste Inbetriebnahme und die Aufnahme des öffentlichen Personen- und Güterverkehrs.

Gleichzeitig wurde die Zweigbahn Stettin–Pasewalk eröffnet.

In seinem Erbauungszustand war der Bf Anklam mit einem für die Bahn typischen und zweckmäßigen Empfangsgebäude in Backsteinausführung versehen worden. Es ist bis heute fast unverändert erhalten. Die Stadt hatte zu diesem Zeitpunkt rund 11 350 Einwohner. Wagen-, Lok- und Güterschuppen, Drehscheibe und Wasserstation waren ebenfalls schon 1863 vorhanden.

Der erste Fahrplan bot folgende Fahrmöglichkeiten:

Je zwei Zugpaare zwischen Angermünde–Anklam und Prenzlau–Pasewalk sowie einen Güterzug Berlin–Angermünde–Anklam und zurück.

Mit der Aufnahme des Zugverkehrs stellte die Post ihren Fahrbetrieb zwischen Anklam und Passow ein. Ab Stralsund und Greifswald fuhr sie bis Ende Oktober nur noch bis Anklam.

Zur Weiterführung der Bahn in Richtung Norden mußte nun die fast 60 m breite Peene überquert werden. Hier errichtete die BSTE das bedeutendste Brückenbauwerk auf der gesamten Strecke. Wegen der vorhandenen

Bf Greifswald vom Vorplatz, 1868.

Schiffahrt erbaute sie eine Drehbrücke. Es war ein Prototyp – eine ungleicharmige Drehbücke nach dem Schwedlerschen System. Sie hatte eine Länge von 19,47 m. Daran schloß sich nach Norden hin eine rund 31 m lange, unbewegliche Fachwerkbogenbrücke an. Letztere war 1863 von der Maschinenbau-Gesellschaft Vulcan in Stettin gebaut worden. Für die Überbauten mußte der Bauherr 75 000 Taler veranschlagen. Die Rammarbeiten für die Fundamente erfolgten 1862/1863 und am 12. August 1863 konnte das Bauwerk befahren werden.

Inzwischen hatte man an der Strecke nach Greifswald und von Züssow nach Wolgast tüchtig weitergebaut. Die BSTE schickte am 13. August schon mal einen reich geschmückten Sonderzug mit dem Leiter des Baus, dem Geheimen Regierungsrat Stein, und den Herren einer Prüfungskommission von Anklam aus auf die Reise. Um 2.45 Uhr nachmittags traf er in Züssow (km 191,9) ein. Züssow war als Umsteigebahnhof in Richtung Wolgast mit einem etwas größeren Empfangsgebäude ausgerüstet. Es diente insbesondere den Übergangsreisenden. Zusätzlich baute man hier einen Stall, wo der in der Umgebung ansässige Landadel seine Pferde bei Reisen mit der Eisenbahn unterstellen konnte. Der Bahnhof war jedoch wegen des geringeren Verkehrsaufkommens gegenüber Pasewalk weitaus bescheidener mit Anlagen ausgestattet.

Doch kehren wir zu unserem Sonderzug zurück. Von Züssow fuhr er – nach einem Grußwort des Landrates, Geheimrat von Seeckt, – zunächst nach Wolgast weiter, wo er um 3.30 Uhr eintraf. Die Wolgaster hatten einen festlichen Empfang vorbereitet. Der Bahnhof war mit Blumen und Laubgewinden geschmückt, Böllerschüsse wurden abgefeuert, und die Schützengilde bildete ein Spalier. Der Magistrat lud die angereisten Herren zu einer festlichen Mittagstafel ein. Um 5.30 Uhr fuhr der Zug über Züssow nach Greifswald weiter. Etwa 6.30 Uhr lief der Zug auf dem Greifswalder Bahnhof ein. Drei Personen- und sieben Güterwagen zog die festlich geschmückte Lokomotive »Greifswald«. Weitere Informationen entnehmen wir dem Greifswalder Kreis- und Wochenblatt:

»Lebhafte Hurrah's der aus mindestens 3000 Personen aller Classen und Stände bestehenden Menschenmenge, eine Fanfare unserer Stadtkapelle und Böllerschüsse begrüßten den Zug. Der Herr Bürgermeister Dr. Teßmann empfing und geleitete den Herrn Geheimrath Stein mit den übrigen Gästen nach dem »Deutschen Hause«, wo man ein Souper einnahm. Noch bis 1 Uhr war die Gesellschaft bei gegenseitigen Lobreden und in der höchsten Heiterkeit beisammen« /2/. Bis zur Eröffnung der Bahn mußten die Greifswalder aber noch einige Zeit warten.

Wenden wir uns nun wieder zum Bahnbau selbst zurück. Bereits im Frühjahr 1862 gelangten die Bauleute damit auf das Territorium der Stadt Greifswald. Der Magistrat erhielt von der Bezirksregierung in Stralsund folgendes Schreiben:

»Euren Wohllöblichen Magistrat ersuchen wir ergebenst die Inangriffnahme der Arbeiten zum Bau der Uckermärkisch-Vorpommerschen Eisenbahn auf den Feldmarken, der der Stadt Greifswald gehörigen Güter Sanz und Wackerow geneigtest zu gestatten«.

Die Stadt hatte sich ständig um einen Eisenbahnanschluß bemüht, besonders rührig war der Stadtkämmerer und spätere Bürgermeister Dr. Päpke. Leider schon 1858 verstorben, ehrten die Bürger ihn mit einem Denkmal auf dem Platz vor dem Empfangsgebäude – dem »Päpke-Platz«.

Das Empfangsgebäude wurde in einer der Universitätsstadt gemäßen Größe (17 300 Einwohner) aus gelbem Sandstein errichtet. Haupt-, Neben- und Stallgebäude sowie der Bahnsteig kosteten – wie auch die entsprechenden Anlagen in Prenzlau und Anklam – 28 000 Taler. Neben dem Wagen- und Güterschuppen ist der gegenüber anderen Stationen relativ große Lokomotivschuppen mit neun Ständen sowie Drehscheibe, Kohlenhof und Wasserstation zu erwähnen.

Zwischen Greifswald (km 209,6) und Wackerow mußte beim weiteren Bau der Strecke in Richtung Stralsund der Fluß Ryck überwunden werden. Da es hier keine Schiffahrt gab, genügte eine feste, eiserne Brücke (km 210,7) mit einer Stützweite von 36,5 m und Widerlagern aus Ziegelmauerwerk.

Mit der Errichtung der Station Miltzow (km 225,8) in der üblichen Ausstattung der kleineren, ländlichen Bahnhöfe ging der Eisenbahnbau zügig bis an die Grenzen der Hansestadt voran.

Da nunmehr das komplizierteste Kapitel beim Bau der Angermünde-Stralsunder Bahn zu beschreiben ist, müssen wir zunächst etwas mehr zur Geschichte der Stadt Stralsund ausführen.

Zum Zeitpunkt des Bahnbaus war Stralsund (km 240,8) eine preußische Festung mit rund 22 500 Einwohnern und ein wichtiger Stützpunkt der Marine. So mußten in besonderer Weise die militärischen Belange beachtet und langwierige Verhandlungen mit dem Kriegsministerium geführt werden.

Seit dem 14. Jahrhundert war Stralsund von einem Festungsring umgeben. Mauerring, Wehrtürme, Land- und Wassertürme sowie die vertieften Stadtteiche sollten vor einer feindlichen Einnahme schützen.

Streitpunkt zwischen der Stadt und dem Ministerium für Handel, Gewerbe und öffentliche Arbeiten war insbesondere der Standort des Bahnhofs. Der Magistrat wollte ihn in der Frankenvorstadt – zentral und nahe dem Hafen – anlegen. Doch damit war das Kriegsministerium nicht einverstanden. Es wollte die Eisenbahnstation zunächst weit vor den Toren der Stadt bei Andershof errichten lassen.

Der Handelsminister entschied am 04. Februar 1861:

»Dem Antrag des Magistrats vom 28. Dezember vergangenen Jahres, daß bei Ausführung einer Eisenbahn von Angermünde resp. Stettin nach Stralsund der Bahnhof bei Stralsund nicht an der Triebseer, sondern in der Franken=Vorstadt angelegt werden möchte, bedaure ich nicht entsprechen zu können, da bei letzterer Lage die Möglichkeit, die Bahn von dort in der Richtung auf Rostock in einer, die allgemeinen Verkehrs=Interessen nicht benachtheiligenden Weise fortsetzen zu können, nicht gewahrt werden würde.«

Einen Monat später fügte er dem noch hinzu:

»In militärischer Beziehung endlich hat der Plan einer Bahnhofsanlage am Triebseer Thore nicht allein keine Beanstandung gefunden, sondern auch in fortificatorischer Beziehung bei weitem geringere Forderungen hervorge-

Am »Gesicht« des Bahnhofsgebäudes in Miltzow hat sich seit der Errichtung nur wenig verändert.

rufen, als bei einer Anlage in der Franken=Vorstadt« /12/.

Doch das war noch nicht das Ende der Verhandlungen.

Zur Charakterisierung der Situation im Jahre 1862 sollen hier zwei Berichte der zuständigen Stellen auszugsweise wiedergegeben werden.

Am 16. Mai verkündete die Neuvorpommersche Bahn, daß der Bau der Strecke Greifswald–Stralsund auf Anordnung des Herrn Handelsministers eingestellt wurde, da die Verhandlungen wegen der Fortifikation des Bahnhofs mit dem Kriegsministerium nicht den gewünschten Erfolg hatten. Das Kriegsministerium hielt die Anlage sehr umfassender Festungswerke zum Schutz der Bahn für notwendig. Es forderte außerdem Ersatzbauten für zwei Pulvermagazine am Platze für den Bahnhof und auf der schwarzen Kuppe.

Telegramm vom Bauleiter Regierungsrat Stein an den Stralsunder Bürgermeister Dr. Fabricius vom 05. Juni:

»Soeben ist die Genehmigung zum Bau der Bahnstrecke Greifswald–Stralsund bis zum Festungs=Rayon eingetroffen, gleich nach dem Feste werden die Arbeiten in Angriff genommen«.

Zahlreiche Verhandlungen zwischen der Berlin-Stettiner Gesellschaft, dem Handels- und dem Kriegsministerium folgten, bis endlich der Bauleiter am 09. April 1863 (!) telegrafieren konnte:

»Die Arbeiten im Rayon der dortigen Festung werden ohne Verzug in Angriff genommen.«

Die BSTE hatte ihr Einverständnis geben müssen, das Empfangsgebäude nur in eingeschossiger Holzbauweise auszuführen. Im Belagerungszustand sollte es schnell abgerissen werden, um dem Feind keinen Schutz unmittelbar vor der Festung zu geben. Auf dem Paschenberg mußte eine Lünette (Festungsanlage) errichtet werden, um das Bahnterrain völlig unter Beschuß nehmen zu können.

Am 27. September 1863 war es dann endlich soweit. Das letzte Hindernis – der Andershofer Teich – war durch einen recht schwierigen Dammbau beseitigt worden, und der erste Zug konnte zur Hansestadt rollen. Die Lokomotive »Stralsund« fuhr mit einigen Wagen in den festlich geschmückten Bahnhof ein und wurde vom Bürgermeister, den Ratsmitgliedern und einer großen Menschenmenge begrüßt.

Man baute nun kräftig weiter an den Bahnhofsanlagen – Lokomotivschuppen, Lokbehandlungsanlagen, Wagen- und Güterschuppen sowie Nebengleise. Am 15. Oktober teilte das Direktorium der BSTE der Königlichen Regierung in Stralsund mit, daß die Abnahme der Eisenbahnstrecke Anklam–Stralsund und Züssow–Wolgast am 13. Oktober 1863 erfolgt sei. Da aber auf dem Bahnhof Stralsund noch einige Arbeiten ausstehen, sollte die Betriebseröffnung erst am 01. November stattfinden.

Genießen wir nun die Eröffnungsfeierlichkeiten »in ganzer Länge« (170,1 km).

Ein Extrazug hatte am 26. Oktober gegen 6 Uhr morgens die Direktoren der Berlin-Stettiner Eisenbahngesellschaft mit ihren Gästen nach Angermünde gebracht, wo in dem festlich dekorierten Bahnhof ein Frühstück eingenommen wurde. Seine Majestät der König traf mit Gefolge 7 Uhr 55 Minuten ebenfalls mit einem Extrazug aus Berlin in Angermünde ein. Sobald Se. Majestät den Wagen verließ, richtete der Direktor der BSTE, Geheimer Kommerzienrat Fretzdorff, eine Ansprache an Alerhöchstdenselben, auf die Wichtigkeit der Bahn für die Provinz hinweisend. Es wurde ein Hoch auf den König ausgebracht.

8 Uhr 25 Minuten ging es weiter nach Pasewalk, wo man 9 Uhr 48 Minuten ankam. Auch hier war der Bahnhof reich geschmückt und zum Empfang hergerichtet. Seine Majestät sowie die auf dem Zug befindlichen Festteilnehmer nahmen ein Dejeuner ein. Die Fahrt wurde 10 Uhr 48 Minuten fortgesetzt, 1 Uhr 40 Minuten erreichte man Stralsund. Von Angermünde an und namentlich ab Anklam waren sämtliche Bahnhöfe reichlich geschmückt und von zahlreichem Publikum besucht.

Selbst die Wärterhäuschen waren mit Girlanden verziert. Der lange festlich geschmückte Zug mit der reich bekränzten und dem preußischen Wappen dekorierten Lokomotive »Stralsund« wurde in der Stadt am Strelasund von einer begeisterten Zuschauermenge bejubelt. Se. Majestät begrüßte in huldvoller Weise die auf dem Perron versammelten Offiziere, die Ratsherren, die Landstände, die Beamten der Königlichen Regierung und die Geistlichkeit. Es wurde ein Diner in der Festhalle des Bahnhofs eingenommen. Der König erwiderte ein auf seine Person ausgebrachtes Hoch mit folgenden Worten: »Er freue sich des Aufschwungs aller Industriezweige in unserem Staate und er begrüße auch deshalb die Eröffnung der Vorpommerschen Eisenbahn, welche diese Provinz mit den übrigen Ländern in Verbindung brächte, mit Vergnügen«. Seine Majestät schloß mit einem Wohl auf die Stadt Stralsund.

Am 27. folgten die Besichtigung der Truppen, ein Empfang im Regierungsgebäude und ein Dejeuner im Rathaus. Um 4 Uhr nachmittags kehrte der König mit dem Zug nach Berlin zurück.

Am 01. November 1863 eröffnete die Angermünde-Stralsunder Bahn ihren Betrieb für den öffentlichen Personen- und Güterverkehr.

Anläßlich der Inbetriebnahme wurden hohe Auszeichnungen vergeben:

»Den Direktoren der Berlin=Stettiner Eisenbahn, dem Kommerzienrath Fretzdorff ist der Charakter als Geheimer Kommerzienrath, dem Geheimen Regierungsrath Stein der Kronenorden 3ter, dem Regierungs=Assessor a.D. Zenke und dem Stadtrath Kutscher der Kronenorden 4ter Klasse, dem ältesten Bürgermeister von Stralsund, Dr. Fabricius das Prädicat eines geheimen Regierungsrath verliehen worden«.

Von den geplanten 12 000 000 Talern hatte man bis zum 25. August 1863 10 900 000 Taler ausgegeben. Ein Mehraufwand war insbesondere in den Positionen Erd- und Böschungsarbeiten, Dämme und Oberbau zu verzeichnen. Das entspricht den aufgezeigten Problemen beim Bau der Strecke. Die Ausschöpfung der Positionen Grunderwerb, Brücken und insbesondere Bahnhöfe läßt er-

Das erste Bahnhofsgebäude in Stralsund von der Gleisseite um 1900. Sammlung H. Vogel

kennen, daß hier nach dem August doch noch einige Arbeiten zu Ende geführt werden mußten.

Die mitwirkenden Baubetriebe sind uns heute relativ unbekannt. Interessant ist, daß die durch Lieferung von Lokomotiven aufgefallene Berliner Firma Schwartzkopf auch am Bau der Vorpommerschen Bahn beteiligt war. 1860 brachte ein Brand der Werkstätten am Stettiner Bahnhof einen erheblichen wirtschaftlichen Rückschlag, der jedoch durch einen Großauftrag der Berlin-Stettiner Eisenbahn im Werte von mehreren hunderttausend Talern für den Bau der Vorpommerschen Bahn überwunden werden konnte. Mit dieser Bestellung nahm Schwartzkopf die Fabrikation von Eisenbahnmaterial wie Weichen, Drehscheiben und Wasserstationen auf.

Zweigbahn Stettin–Pasewalk (41,9 km)

Die Strecke Stettin–Pasewalk eröffnete am 16. März 1863 zunächst mit den Zwischenstationen Löcknitz und Grambow den Betrieb. Sie wurde zur wichtigen Verbindung von Vorpommern zur Provinzhauptstadt. Zwei größere Brückenbauwerke – die Ückerbrücke in Pasewalk und die Randowbrücke bei Löcknitz – mußte die BSTE errichten. Auf Teilstücken gab es auch hier schlechte Bodenverhältnisse.

Im öffentlichen Fahrplan von 1880 finden wir bereits eine weitere Station – Zerrenthin – und 1901 Stöven bei Stettin und Scheune. In den 20er Jahren eröffnete die DR den Haltepunkt Rossow.

Stettin Hbf – gut erkennbar ist der Erweiterungsbau (rechter Teil) am alten Bahnhofsgebäude. Sammlung Dr. Cnotka

125 Jahre Stettin–Pasewalk – Sonderfahrt am 14. Mai 1988. Sammlung E. Morlok

1893 wird die Schmalspurbahn Pasewalk Ost–Klockow zunächst als Pferdebahn eröffnet und 1908 auf Dampfbetrieb umgestellt. 1946 erfolgte die Übernahme durch die Prenzlauer Kreisbahn. Von 1948-1961 führte diese hier auch Personenverkehr durch. Der 01. Oktober 1963 brachte die Stillegung und anschließend den Abbau (Spurweite 750 mm, Länge 16 km). Pasewalk Ost war somit bis 1963 eine Umladestelle zur Staatsbahn für den Güterverkehr und für einige Jahre auch Umsteigestation im Personenverkehr.

Eine weitere Kleinbahn hatte in Stöven ihren Ausgangspunkt. Sie führte als normalspurige Bahn bis Neuwarp. Die Randower Kleinbahn wurde in Etappen erbaut – 1897 bis Stolzenburger Glashütte und 1905 von dort bis Neuwarp. Die 48,7 km lange Bahn stellte nach dem Zweiten Weltkrieg ihren Betrieb bis auf Teilstücke auf polnischem Gebiet (bis 1966) ein.

Löcknitz bekam 1898 eine Eisenbahnverbindung mit Brüssow und ab 1902 die Fortsetzung bis Prenzlau (s.a. Prenzlauer Kreisbahn).

Die Schmalspurbahn Casekow–Pommerensdorf (1899-1945) unterhielt in Scheune einen Kleinbahnhof.

Züssow ist Umsteigebahnhof in Richtung Wolgast.

Die Errichtung der Zweigbahn Stettin–Pasewalk zog einen großen Umbau des Stettiner Hauptbahnhofs nach sich. Die doppelte Kopfstation baute man in einen Durchgangsbahnhof um und errichtete einen neuen Lokschuppen mit entsprechenden Behandlungsanlagen sowie den Güterbahnhof am rechten Parnitzufer. Das Empfangsgebäude wurde erweitert und attraktiver gestaltet.

Die bekannten Entscheidungen nach dem Zweiten Weltkrieg teilten die Strecke und machten Grambow zum Grenzbahnhof. Das

1998 in Buddenhagen – 135 Jahre altes Stationsgebäude und elektrische Traktion.

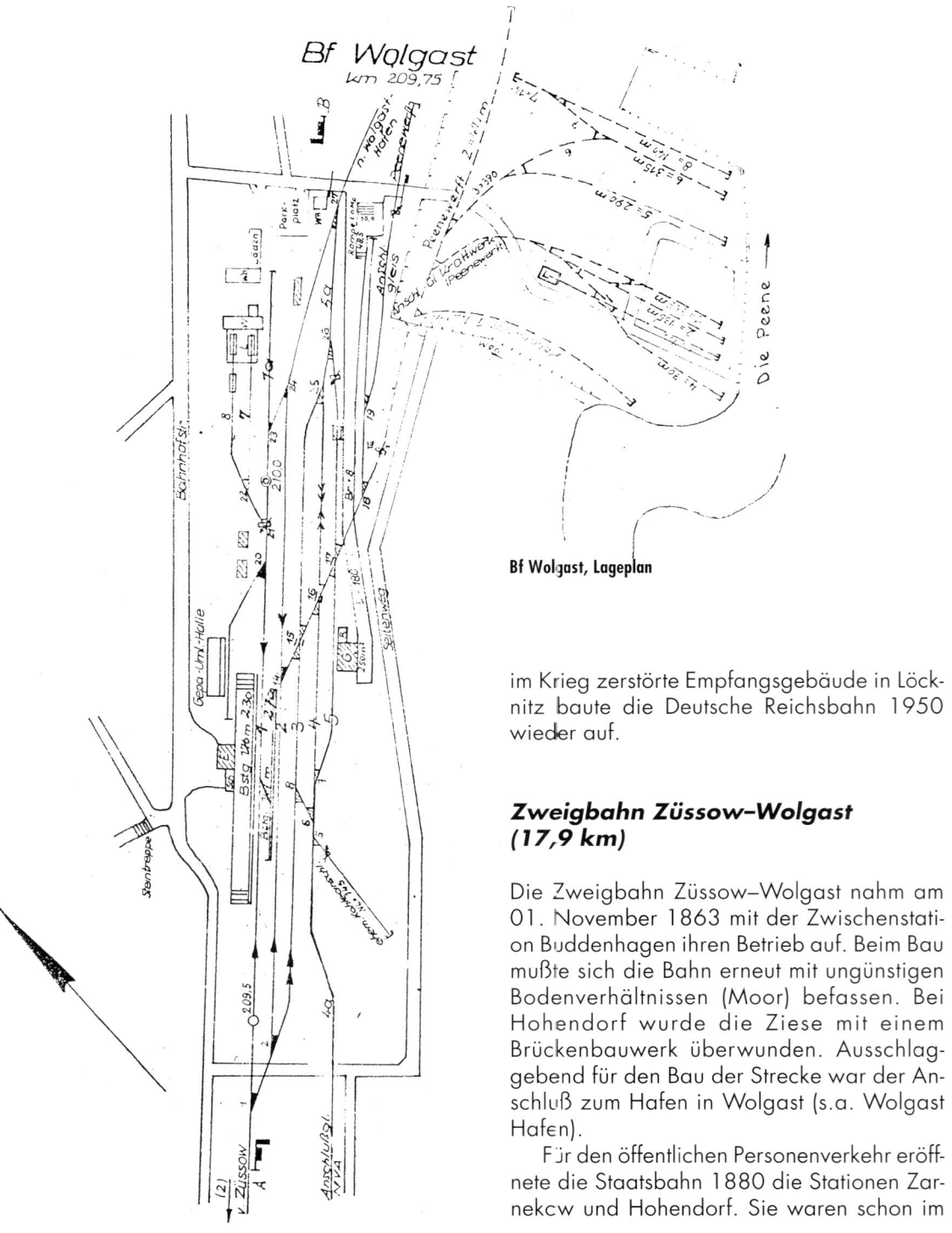

Bf Wolgast, Lageplan

im Krieg zerstörte Empfangsgebäude in Löcknitz baute die Deutsche Reichsbahn 1950 wieder auf.

Zweigbahn Züssow–Wolgast (17,9 km)

Die Zweigbahn Züssow–Wolgast nahm am 01. November 1863 mit der Zwischenstation Buddenhagen ihren Betrieb auf. Beim Bau mußte sich die Bahn erneut mit ungünstigen Bodenverhältnissen (Moor) befassen. Bei Hohendorf wurde die Ziese mit einem Brückenbauwerk überwunden. Ausschlaggebend für den Bau der Strecke war der Anschluß zum Hafen in Wolgast (s.a. Wolgast Hafen).

Für den öffentlichen Personenverkehr eröffnete die Staatsbahn 1880 die Stationen Zarnekow und Hohendorf. Sie waren schon im

Endstation Wolgast Hafen im »Outfit« der Gegenwart.

Sommer- und Winterfahrplan 1879/1880 versuchsweise in Betrieb. Alle Personenzüge hielten dort /2/. Zum 25. Juni 1930 wurde der Bahnhof IV. Klasse »Zarnekow« in »Karlsburg (Kr. Greifswald)« umbenannt /3/. Die Reichsbahndirektion Stettin wollte 1930 den Personenverkehr auf der Strecke einstellen und einen Bus einsetzen. Sie überlebte, und am 17. März 1989 konnte sogar der elektrische Zugbetrieb aufgenommen werden.

Obwohl der Güterverkehr auf den Unterwegsbahnhöfen über die Jahre eher mäßig war, verlud die Eisenbahn in Buddenhagen und auch in Hohendorf recht häufig Holz. Der Hp Hohendorf erhielt 1913 die Bezeichnung »Bahnhof IV. Klasse« /3/.

Die Schmalspurbahn Anklam–Lassan betrieb von 1896-1920 eine Stichbahn von Krenzow nach Buddenhagen. Auch hier wurde hauptsächlich Holz zur Umladung auf die Staatsbahn befördert /21/.

In Wolgast Hafen endete die Kleinbahn Greifswald–Lubmin–Wolgast (1899-1945). Der Abschnitt von Kröslin bis zum Hafen war für Normal- und Schmalspurfahrzeuge ausgebaut. Das Normalspurgleis wurde nach 1945 als Industrieanschlußgleis betrieben (s.a. Wolgast Hafen).

Mit der Fertigstellung des Schienenweges über die neue Peenebrücke in Wolgast eröffnet sich für die Zweigbahn Züssow–Wolgast Hafen vsl. 2000 eine Perspektive als Bäderbahn Züssow–Ahlbeck Grenze bzw. in Zukunft sogar bis Swinemünde.

Die Hafenbahnen Wolgast, Greifswald und Stralsund

Wolgast

Im Jahr der Inbetriebnahme der Zweigbahn Züssow–Wolgast 1863 wurde auch das laut Konzession vorgesehene Gleis zum Peenehafen in Wolgast errichtet. Es diente zunächst ausschließlich dem Güterverkehr und förderte den Hafenumschlag. Der Hafen in Wolgast hatte seine große Bedeutung zur Zeit der Segelschiffahrt bis etwa zum Ausgang des 19. Jahrhunderts. Danach wies er nur noch lokalen Charakter auf. Mit der Gründung des Umschlaghafen-Betriebes 1958 stiegen die Leistungen wieder an und erreichten 1972 einen Umfang von über 100 000 t.

Als am 01. Juni 1911 die Eisenbahnstrecke von Seebad Heringsdorf nach Wolgaster Fähre in Betrieb ging, wurde Wolgast Hafen auch für den Personenverkehr interessant. Zwar gab es ja seit 1876 den Eisenbahnanschluß der Insel Usedom von Ducherow nach Swinemünde und ab 1894 die Weiterführung dieser Strecke bis Seebad Heringsdorf, aber das Baderevier von Bansin bis Peenemünde konnte man nun auch aus Wolgast kommend mit der Eisenbahn erreichen. Schwierigkeiten verursachte nur die Überwindung der etwa 250 m breiten Peene.

Wolgast Hafen in den 50er Jahren – Güterwagen warten am stadtseitigen Ufer auf die Eisenbahnfähre *Stralsund*.

Am 07. März 1911 beauftragte der Minister für öffentliche Arbeiten die Königliche Eisenbahndirektion Stettin, die erforderlichen Schritte zur Ausführung eines neuen Personenbahnhofs in Wolgast mit Fährverbindung zwischen Wolgast Hafen und Wolgaster Fähre unverzüglich in die Wege zu leiten. Diese Anlage sollte nur dem Durchgangsverkehr dienen. Die Direktion in Stettin kam dem nach und verkündete am 10. August 1911:

»Am 15. August 1911 wird rechts der Bahnstrecke Züssow–Wolgast Hafen der Bahnhof 4. Klasse Wolgast Hafen eröffnet werden. Dieser Bahnhof dient nur dem Durchgangs-, Personen- und Güterverkehr für die Zeit vom 15. Juni bis 15. September jeden Jahres. Ortsverkehr ist ausgeschlossen« /3/.

Für die Abfertigung der Reisenden wurde ein einfaches Gebäude errichtet. Wollten diese die Insel Usedom erreichen, mußten sie mit einem Fährschiff übersetzen. Diese Verbindung stellte seit 1893 der Fährdampfer *Bogislaw* her. Die Greifswalder »Eisengießerei, Maschinen- und Schiffbau-Anstalt Carl Kesseler u. Sohn« erbaute ihn für den Wolgaster Magistrat, und er versah noch bis 1957 seinen Dienst. Von 1911-1923 betrieb die Eisenbahndirektion Stettin einen Fährdienst für Personen /15/. Danach übernahm die Wol-

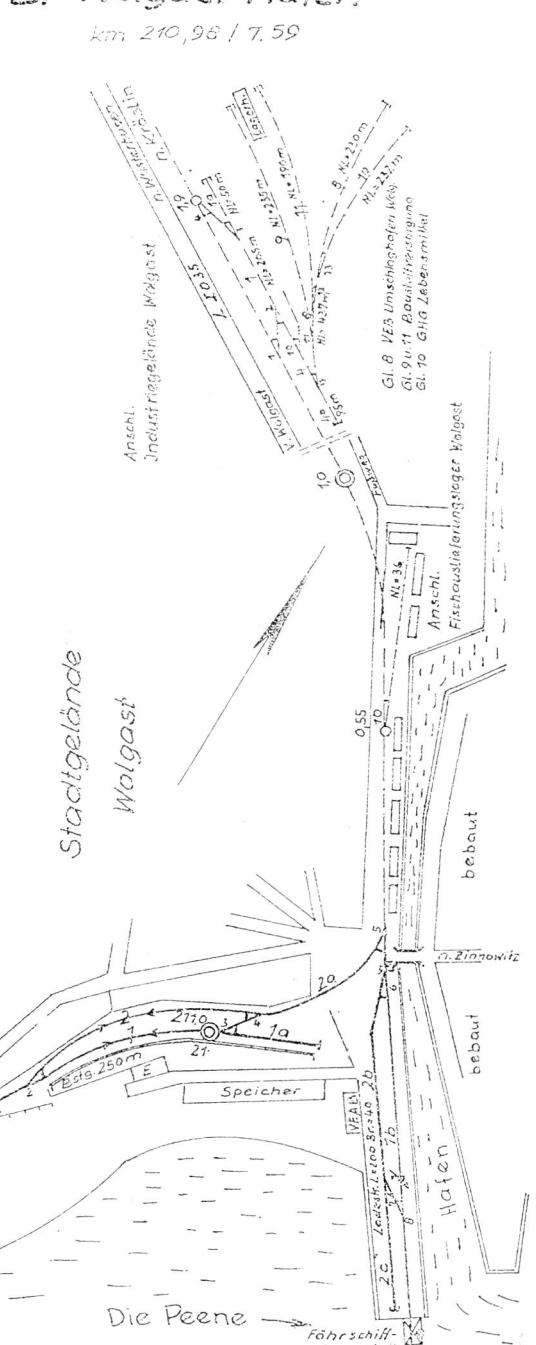

Bf Wolgast Hafen, Lageplan

Bf Wolgaster Fähre
km 253,43

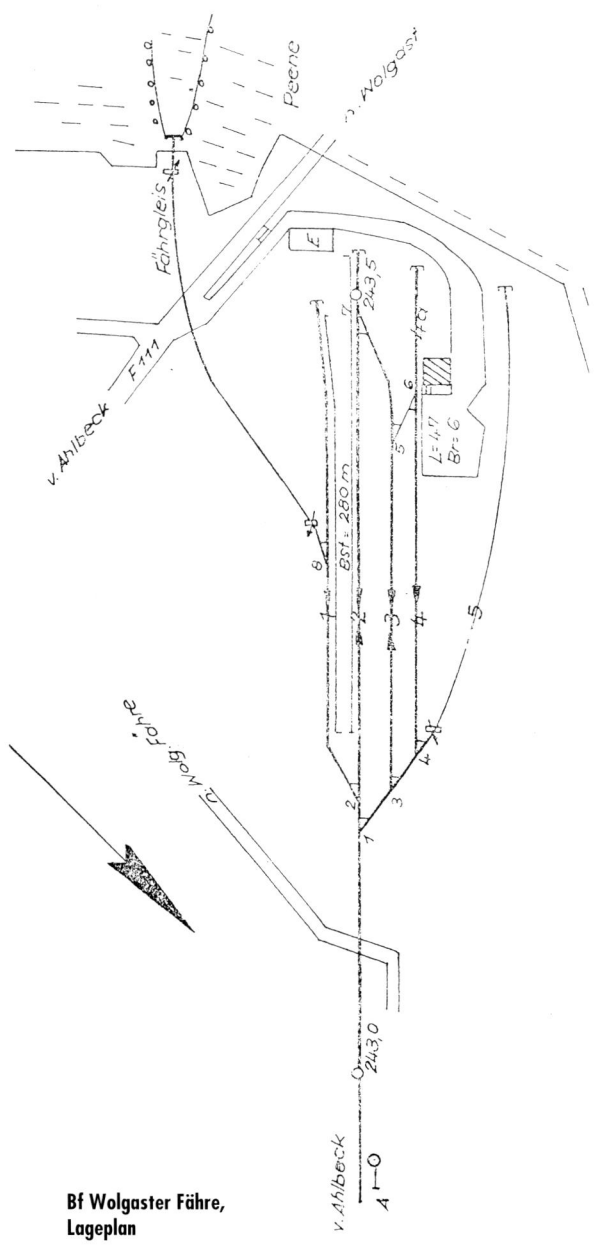

Bf Wolgaster Fähre, Lageplan

gaster Dampfschiffahrts-Gesellschaft bis 1945 das Übersetzen. 1930 waren es bereits 232 685 Personen, 16 702 Kraftwagen, 3505 Krafträder und 7970 Fuhrwerke, die die Peene zwischen der Insel Usedom und Wolgast per Fährschiff überquerten /5/. Diesem steigenden Verkehrsaufkommen zu den Ostseebädern der Insel war der Fährbetrieb auf Dauer nicht gewachsen. So entstand in den Jahren 1933/1934 ein Brückenbauwerk mit einer Gesamtlänge von 265 m für den Fahrzeug- und Fußgängerverkehr. Kurz vor Ende des Zweiten Weltkrieges wurde es von der deutschen Wehrmacht gesprengt und 1949/1950 wiederhergestellt. Im Dezember 1996 konnte ein neues eindrucksvolles und modernes Brückenbauwerk dem Straßenverkehr übergeben werden. Für die nahe Zukunft ist auch die Überführung des Schienenweges über die Brücke vorgesehen. Damit kann dann die Insel Usedom seit der Unterbrechung der Bahnlinie Ducherow-Swinemünde 1945 wieder an das Eisenbahnnetz des Festlandes angeschlossen werden.

Doch kehren wir in die Zeit der Errichtung der ersten Peenebrücke zurück. Mit ihrer Inbetriebnahme vergrößerte sich die Zahl der Bahnreisenden, die die Ostseebäder über Wolgast erreichen wollten. Die Deutsche Reichsbahn reagierte darauf und erbaute 1935 den neuen Hafenbahnhof /2/. Die Reichsbahndirektion Stettin veröffentlichte dazu in der Greifswalder Zeitung vom 19. Januar 1935 folgende Bekanntmachung:

»Das neu erbaute kleine Hafenbahnhofsgebäude wird ab 01. Februar d.J. eröffnet und dem Verkehr übergeben werden. Der Hafenbahnhof ist eine Agentur des Wolgaster Hauptbahnhofs mit Gepäck- und Expreßgutabfertigung. Sämtliche fahrplanmäßigen Züge beginnen und enden am Hafenbahnhof. Der etzige Fahrplan bleibt wie bisher bestehen, nur kommen ab 01. Februar die Ab- und Ankunftszeiten für den Hafenbahnhof neu hinzu« /2/.

Verdienter Ruheplatz für das FS *Stralsund* **im Hafen von Wolgast.**

Für die Reisenden bequemer war natürlich nach wie vor die Relation Ducherow–Heringsdorf–Wolgaster Fähre, da ihnen hier der 800 m lange Fußweg über die Brücke bzw. der Übersetzverkehr mit dem Dampfschiff erspart blieb. Die Situation änderte sich aber mit der Sprengung der Karniner Brücke sowie dem Abbau des Streckengleises von Ducherow bis Ahlbeck. Nun bestand kein Eisenbahnanschluß zum Festland mehr. Daraus ergab sich die Notwendigkeit, einen Eisenbahnfährverkehr einzurichten. Die auf der Insel zurückgebliebenen Eisenbahnfahrzeuge mußten abgezogen und Güterwagen - aber auch Lokomotiven - trajektiert werden.

Von 1945-1949 geschah dies unter Regie der Sowjetarmee. In Wolgast Hafen und nahe dem Bf Wolgaster Fähre wurden provisorische Fähranlagen errichtet und das 1890 erbaute Fährschiff *Stralsund* dorthin beordert. Im Frühjahr 1949 übergab die sowjetische Militäradministration den gesamten Fährverkehr an die DR. Die Reichsbahndirektion Greifswald gab am 01. April 1949 ihre »Dienstvorschrift für den Eisenbahnfährdienst zwischen Wolgast und Wolgaster Fähre« heraus /6/. Danach unterstand der Fährbetrieb dem Reichsbahnamt Stralsund und die technische Unterhaltung des Fährschiffes dem Bahnbetriebswerk Heringsdorf. Interessant ist, daß in den ersten Jahren auch Reisende befördert wurden. Sie mußten dazu jedoch die Personenwagen verlassen. In den folgenden Dienstanweisungen war dann nur noch das Übersetzen von Güterwagen und in besonderen Fällen von Lokomotiven gestattet. Ab 1960 unterstand das Fährschiff dem Fährschiffamt in Sassnitz.

Fähranlagen und Fährschiff verdienen einige Aufmerksamkeit, weil von 1945-1990 mit Provisorien bzw. mit der ältesten in Dienst stehenden Eisenbahnfähre der Welt der Betrieb geführt wurde. Die Landanlagen befanden sich in Wolgast Hafen (km 212,00 der Strecke Züssow–Wolgast) und in Wolgaster Fähre (km 243,60 der Strecke Ahlbeck–Wolgaster Fähre). Sie bestanden aus einer absenkbaren Landebrücke und Leitwerken. Die Landebrücken hatten eine Gesamtlänge von 7,91 m und eine Stützweite von 7,77 m. Sie genügten dem Lastenzug G (18 t). Das landseitige Auflager war so drehbar gelagert, daß die Höhenlage an der Wasserseite bei Wahrung der gegenseitigen Höhenlage der Schienenoberkanten (Auflager/Schiff) gehoben und gesenkt werden konnte. Wasserseitig wurde die Landebrücke mit einem Seilzug und Gegengewichten gehalten. Die Seile sind auf Rollen über die am Ende der Landebrücken befindlichen Dalben geführt. Durch Gegengewichte ist das Gleichgewicht mit dem Eigengewicht der Landebrücke hergestellt. Ein besonderer Seilzug und eine Winde hoben und senkten die Landebrücken. Nach Kupplung des Fährschiffes mit der Landebrücke nahm das Schiff den Auflagedruck der Landebrücke einschließlich der Verkehrslast auf. Wegen des provisorischen Charakters der Landanlagen und der Kürze der Landebrücken war der Fährbetrieb stark eingeschränkt. So waren u.a. Großkesselwagen sowie größere und schwere Güterwagen ausgeschlossen, zur Verhütung von Überpufferungen die Wagen lang zu kuppeln, die Fähre mit Schutzwagen zu bedienen, damit die Lok nicht auf die Landebrücke kommt und das Trajektieren bei 40 cm über und 20 cm unter dem mittleren Wasserstand einzustellen.

Das Eisenbahnfährschiff *Stralsund* wurde 1890 von der Schichau-Werft Elbing für die Eisenbahnfährverbindung Stralsund–Altefähr erbaut. Hier einige technische Daten:

– Länge über alles   37,46 m
– Breite über alles   9,80 m
– Tiefgang   1,88 m
– Geschwindigkeit   8 Knoten
– Bruttoregistertonnen   148,70 t
– Antriebsanlage: Zwei Maschinen mit je 125 PS
– Schiffstyp: Fluß-Eisenbahndampffährschiff

Da ab 1897 in Stralsund größere Fährschiffe in Betrieb genommen wurden, kam das FS *Stralsund* bis 1940 zwischen Swinemünde und Ostswine zum Einsatz. Danach versah es bis 1945 seinen Dienst im Auftrage der Wehrmacht und entging durch Glück und beherztes Handeln des Kapitäns der Versenkung bei Kriegsende. So pendelte es noch bis 1990 – obwohl zuletzt nicht mehr mit eigener Kraft – zwischen dem Festland und der Insel Usedom als Eisenbahntrajekt. Mit einer Nutzlänge von 30 m konnte das eingleisige Schiff bis zu vier Güterwagen (in der Regel waren es 2-3 Wagen) mit einer Gesamtmasse von 115 t aufnehmen. Unter besonderen Vorsichtsmaßnahmen war auch das Übersetzen einer Lokomotive möglich. Auf Grund seines Alters hätte das Schiff allerdings schon in den 70er Jahren neue Maschinen erhalten bzw. ersetzt werden müssen. So konnte es in den letzten Jahren nur mit einem Bugsierschlepper über die Peene gebracht werden. Im November 1990 kam für das Fährschiff und den gesamten Fährverkehr das »Aus«. Das Schiff wurde in den Ruhestand versetzt und wird heute durch die Stadt Wolgast als technisches Denkmal im Museumshafen bewahrt. Die einst nur provisorisch errichteten Landanlagen baute man ab. Auf der Insel Usedom gibt es keinen öffentlichen Eisenbahngüterverkehr mehr.

Der Personenverkehr wird seit dem 01. Juni 1995 von der Usedomer Bäderbahn (UBB) – einer Tochtergesellschaft der DBAG – durchgeführt. Am 08. Juni 1997 eröffnete sie die Strecke von Seebad Ahlbeck bis zur Grenze nach Polen. Nach Fertigstellung des Eisenbahnanschlusses über die neue Peenebrücke in Wolgast beabsichtigt die UBB ihre Triebwagen bis Züssow verkehren zu lassen.

Die 1898 in Betrieb genommene Kleinbahn Greifswald–Wolgast (KGW) eröffnete am 16. Mai 1899 den 700 m langen Abschnitt zwischen Wolgast Schlachthof und dem Hafen /7/. Da diese Strecke ab Kröslin vierschienig ausgebaut war, konnte man die Eisenbahnwagen ohne Umladung zur Staatsbahn überführen. Damit war der Wolgaster Hafen ausreichend mit der Eisenbahn verbunden.

Nach 1945 blieb von dieser Bahn nur der regelspurige Abschnitt. Heute ist davon eine kurze Verbindung vom Wolgaster Industriegebiet bis zum Hafen erhalten.

Nach 1990 hat sich der Hafenumschlag weiter positiv entwickelt. Heute strebt die Hafengesellschaft eine Marke von 450 000 t pro Jahr an. Der ehemals vom Militär genutzte Südhafen wird weiter ausgebaut und ermög-

Blick auf die Greifswalder Hafenbahn.

licht im Zusammenhang mit der Ausbaggerung der Fahrrinne der Peene das Anlegen einer größeren Anzahl von Schiffen. Leider fehlt in diesem Teil des Hafens noch der Eisenbahnanschluß!

Greifswald

Es war ein erklärtes Ziel der Erbauer der Eisenbahn Angermünde–Stralsund, die Ostseehäfen Wolgast, Greifswald und Stralsund an das Bahnnetz anzuschließen. In der Mitte des 19. Jahrhunderts stand die Segelschiffahrt in ihrer Blüteperiode und neue Umschlagplätze Schiff/Bahn ließen umfangreiche Transporte erwarten. Folgerichtig finden wir in der Konzessions- und Bestätigungsurkunde einen entsprechenden Passus.

Um 1850 nahm der Schiffsverkehr im Greifswalder Hafen infolge umfangreicher Getreidetransporte stark zu. Die Stadt reagierte darauf mit Baumaßnahmen. Ab 1856 errichtete sie nach dem Ankauf von Grundstücken in der Hafenstraße ein breites Bollwerk, vertiefte den Hafen und die Fahrrinne des Ryck durchgängig. Erweiterungen erfuhr ebenfalls der Vorhafen in Wieck an der Nord- und Südmole. Im Jahr 1863 waren in Greifswald 47 Segel- und drei Dampfschiffe beheimatet. Sie fuhren in alle Häfen der Ost- und Nordsee sowie über die Weltmeere.

Mit der Eröffnung des Streckenabschnittes Anklam–Stralsund konnte die Hafenbahn noch nicht in Betrieb gehen, da man mit den Bauarbeiten nicht wie geplant vorangekommen war.

Vom Bahnhof ausgehend sollte das Hafengleis am Ryckfluß entlang geführt und auf dem Geländestreifen der ehemaligen Stadtmauer verlegt werden. Diese war der o.g. Hafenerweiterung zum Opfer gefallen. 1863/1864 wurden durch die Berlin-Stettiner Eisenbahngesellschaft die Erdarbeiten und die

Im Greifswalder Hafen konnte der Bahnreisende auf ein Schiff umsteigen und seine Fahrt nach Rügen fortsetzen.

Dammschüttung entlang des Ryck ausgeführt. Im März 1864 erreichte sie das Steinbeckertor. Bis dahin verliefen die Arbeiten auf staatseigenem Grundbesitz. Mit dem Erreichen des Territoriums der Stadtgemeinde begannen die Probleme beim Bau der Hafenbahn. Es gab deren zwei. Zunächst erforderte die Höhenlage des Gleises eine Tieferlegung der Steinbecker Brücke. Damit ließ sich die Stadt bis in die zweite Hälfte des Jahres 1864 Zeit.

Desweiteren erhob die Stadt Greifswald Forderungen zur Ableitung ihrer Abwässer in den Ryck. Diese waren der Eisenbahn aber – wegen der schwierigen Bodenverhältnisse – eine zu teure Lösung. Außerdem wollte der Magistrat Zeit für seine Verhandlungen um eine längere Hafenbahn gewinnen.

Am 05. Januar 1865 erfolgte dann endlich die landespolizeiliche Abnahme des Hafengleises. Am Steinbecker Tor war eine Wärterstation entstanden. Die Wärter sorgten für die Sicherheit des Eisenbahnverkehrs, da das Gleis hier niveaugleich die Straße nach Stralsund kreuzte. Sie waren auch für die Sicherheit im Hafengelände bei der Bewegung der Eisenbahnwagen verantwortlich.

Anfang der 70er Jahre konnte mit der fortschreitenden Fertigstellung des Bollwerkes auch die Hafenbahn bis zum Teerhaus verlängert werden. Seit etwa 1894 strebte die Stadt nach einer weiteren Ausdehnung des Gleises bis zu den Räucherhäusern. 1896 erklärte sich die Königliche Eisenbahndirektion damit einverstanden, ebenfalls mit der Übernahme der Ausführung. Um die Jahrhundertwende erreichte somit die Greifswalder Hafenbahn ihre volle Ausdehnung mit einer Länge von 2,5 km.

Der Betrieb wurde vom Bahnhof bis km 211,9 (Teerhaus) von der Eisenbahn geführt. Danach galt folgende Regelung:

»Die Verschiebung der Wagen auf den Gleisen zwischen dem Teerhaus und den Räucherhäusern hat durch die Interessenten auf deren Gefahr und Kosten mit Pferde- oder Handbetrieb stattzufinden«.

Die Greifswalder Hafenbahn diente nicht nur dem Güterumschlag, sondern bereits seit 1865 auch dem Personenverkehr. Im Anschluß an die Mittagszüge fuhr man vom Hauptbahnhof zum Hafen und bestieg einen Dampfer, der die Reisenden täglich nach Lauterbach, Göhren bzw. später sogar bis nach Sassnitz brachte. Von Lauterbach hatte der Passagier nach Ausbau des Eisenbahnnetzes auf Rügen Anschluß nach Bergen und von Putbus nach Binz und Göhren. Damit war es möglich, schneller als von Stralsund aus die Bäder auf der Insel zu erreichen. Von Mai bis September war Saison für den Bäderverkehr.

Mit dem Ersten Weltkrieg kam er zum Erliegen. Die Schiffe bzw. die Besatzungen mußten den Kriegsdienst antreten und die Eisenbahn stellte ihre Fahrten zum Hafen ein.

Erst am 01. Juni 1934 nahm sie die Bedienung des Hafens mit Personenzügen neu auf. Nach 20jähriger Pause hatten die Greifswalder ihren »Hafenexpreß« wieder. Zwischen Hauptbahnhof und Hafen verkehrte die Kleinlokomotive mit ein bis zwei Personen- und einem Packwagen. Zunächst fuhr sie mit einer Geschwindigkeit von 25 km/h bis zum Steinbeckertor. Im belebten Hafengelände schritt ein Eisenbahner mit weithin schallender Glocke dem Zug voraus. Zwischen Brügg- und Kuhstraße befanden sich einklappbare Bahnsteigtritte auf einer Länge von 40 m, wo die Reisenden ausstiegen und den Übergang zum Schiff nach Rügen fanden. Der »Hafenexpreß« bediente in der Zeit von 11.00 bis15.00 Uhr dreimal diese Route. Die Fahrt kostete 15 Pfennig in der dritten und 20 Pfennig in der zweiten Wagenklasse. Die Verbindung war noch bis 1944 im Kursbuch der DR enthalten.

Die Greifswald-Jarmener Kleinbahn (GJK) und die Kleinbahn Greifswald–Wolgast (KGW) waren ebenfalls mit dem Hafen verbunden. Seit dem 21. Januar 1903 konnten Schmalspurwagen im sogenannten Rollbockverkehr ihre Ladung ohne Umladen in den Hafen bringen. Die GJK besaß zu diesem Zweck vier regelspurige Spezialwagen, die von der KGW mitbenutzt wurden. Später baute die KGW eine eigene Hafenbahn. Diese 910 m lange Strecke konnte nach dem 21. November 1919 (landespolizeiliche Abnahme) befahren werden.

Während die Schmalspurbahnen 1945 ihren Betrieb einstellten, rollten über die normalspurige Hafenbahn weiter die Güter. Erst als Anfang der 90er Jahre Ladebow zum Stadthafen ausgebaut wurde, stellte die Eisenbahn den Betrieb ein und baute 1994 die Gleise ab. Erhalten blieb nur der Abschnitt, der zum Anschlußgleis nach Ladebow führt.

Stralsund

Bereits die Bahnprojekte aus dem Jahre 1844 sahen vor, das »Hafenbassin« in Stralsund an die Eisenbahn anzuschließen /4/. Stralsund war zu jener Zeit ein bedeutender preußischer Ostseehafen, Ausgangspunkt der Postschiffe nach Schweden, Festungsstadt und für die Kriegsmarine ein wichtiger Standort. In der Zeit von 1844-1880 vergrößerte sich der Bestand an Segelschiffen Stralsunder Reedereien von 100 auf 200 und 1863 liefen 16 größere Segelschiffe in heimischen Werften vom Stapel. Die Schiffsrouten führten zu allen Ostseehäfen sowie nach London, Newcastle, Cardiff, Bordeaux, Rio de Janeiro, San Francisco, Melbourne, Singapur u.a. /8/. Das ergab für die Eisenbahn ein lukratives Beförderungsangebot. Dazu kamen die landwirtschaftlichen Erzeugnisse von der Insel Rügen sowie die Ergebnisse aus dem Fischfang.

Nicht ohne Grund bezeichnete man die Stralsund vorgelagerte Insel Dänholm als Wiege der preußischen Marine. 1849 verkaufte die Stadt die Insel an den königlichen Militärfiskus. Sie wurde zum preußischen Kriegshafen ausgebaut. Aber auch für den Stadthafen interessierte sich das Militär.

Mit der Inbetriebnahme der Bahnverbindung von Angermünde nach Stralsund 1863 war die konzessionierte Hafenbahn noch nicht fertig geworden. Zunächst bekam der Magistrat vom Minister für Handel, Gewerbe und öffentliche Arbeiten mit Schreiben vom 21. Mai 1861 nur die Genehmigung zur Ausführung der Gleise bis zur »Langenbrücke«. Der Antrag zur Weiterführung bis zum »Fährthore« wurde abgelehnt. Grund dafür waren die 1861 geplanten Veränderungen im Hafen, u.a. zur Verlängerung der Kaimauer von der Langenbrücke zur Fährbrücke.

Beim Bau der Hafenbahn waren auch wieder militärische Belange zu wahren. So teilte das Direktorium der Berlin-Stettiner Eisenbahn dem Stralsunder Bürgermeister am 08. Dezember 1861 folgendes Resultat einer Bera-

Die *Rügen* verläßt die Fähranlage in Stralsund Hafen, 1910.

tung zwischen ihren Bautechnikern und den Verantwortlichen des Militärs mit:

»Die Herstellung der Hafenbahn als hölzerne Brücke (schnelle Unterbrechung im Kriegsfalle) auf 50 Ruthen Länge, von der neuen Schiffswerft ab bis an die Vorfront der Festungswerke, mußte zur Vorbedingung für die Anlage der Hafenbahn gemacht werden. In der weiteren Fortsetzung bis zur Langenbrücke würde ein massiver Damm für zwei Gleise angelegt werden können, wenn dessen Böschungen nach der Vorseite der Festungswerke gelegt würden« /12/.

Bis Ende 1864 wurde eine 600 Fuß lange Holzbrücke zwischen der neuen Schiffswerft und der Aufschüttung südlich von der Langenbrücke errichtet. Sie erhielt auch ein Fußgängerbankett. Eine Drehbrücke zum Ende hin in der Nähe des Hafenplatzes ermöglichte den Durchlaß der Schiffe.

Die baupolizeiliche Abnahme der Hafenbahn fand am 04. Januar 1865 statt, damit konnte sie ihren Betrieb aufnehmen. Die Königliche Regierung in Stralsund gab am 18. Februar 1865 »Bestimmungen zur Sicherung des Betriebes auf der Stralsunder und der Greifswalder Hafenbahn« heraus. Es sollen einige Passagen zitiert werden, da sie den Eisenbahnbetrieb zu jener Zeit gut darstellen.

– Bei der Bewegung eines Zuges vom Beginn der Frankenvorstadt bis zum Ende der Hafenbahn wird stets ein Bahnwärter, eine Glocke schwingend, dem Zug vorangehen, um das Publikum vor der unvorsichtigen Annäherung zu warnen. Bei dem Ertönen dieser Glocke oder auf Zuruf der Bahnbeamten müssen Fußgänger und Fuhrwerke die Gleise der Hafenbahn verlassen und mindestens drei Schritte von der äußeren Bahnschiene zurücktreten. Die-

Blick auf die Gleisanlagen im Stralsunder Hafen, 1997.

selben dürfen bei einer Entfernung von 50 Schritten vor dem in Bewegung befindlichen Zuge die Bahn nicht mehr überschreiten.
- Die in der Hafenbahn befindliche Drehbrücke wird täglich während gewisser Stunden für den Schiffsverkehr geöffnet sein.
- Wer den Verboten zuwiderhandelt, verfällt in eine polizeiliche Strafe bis zu zehn Taler Geld resp. verhältnismäßiges Gefängnis.
- Die Bahn muß so lange bewacht werden, als möglicherweise Züge auf derselben zu erwarten stehen. Wenn Leichenzüge oder Truppenabteilungen über die Hafenbahn gehen, so halten die Bahnzüge bis nach erfolgtem Übergange derselben an.
- Die Bahnstrecke vom Beginn der Franken-Vorstadt an bis zum Ende der Hafenbahn darf mit einer größeren Geschwindigkeit als 1,25 m in der Sekunde nicht befahren werden. Der Bremser und der zur Bedienung der Tenderbremse bestimmte Heizer müssen bei der Annäherung an diese Strecke und auf derselben die Hand an der Bremse haben, damit auf ein gegebenes Zeichen der Zug mindestens auf zwei Ruthen (7,4 m) Entfernung zum Stillstand gebracht werden kann. Auf den übrigen Teilen der Hafenbahn darf die Geschwindigkeit bis zu 2,50 m in der Sekunde gesteigert werden.
- Der Zugführer und der Lokomotivführer sind für die gewissenhafte Befolgung der gegebenen Vorschriften bei Strafe der sofortigen Entlassung verantwortlich.
- Der Betrieb der Hafenbahn findet bis auf weiteres nur bei Tage, d.h. zwischen Sonnenaufgang und Sonnenuntergang statt.
- Die Hafenbahn ist mit elektromagnetischen Telegrafen nicht versehen. Zur Signalisierung der Züge dienen die auf der Bahn vorhandenen optischen Telegrafen /12/.

Schon 1869 leitete die Berlin-Stettiner Eisenbahn ein Genehmigungsverfahren zur Verlängerung der Hafenbahn bis zum Querkanal ein. Dem Projekt wurde vom Minister für Handel, Gewerbe und öffentliche Arbeiten zugestimmt. 1872 ging das neue Teilstück in Betrieb. Die schwere Sturmflut am 13. November 1872 zerstörte die hölzerne Eisenbahnbrücke im Hafen. Da Stralsund ab 1873 keine Festungsstadt mehr war, konnte nun ein Damm anstelle der Holzbrücke errichtet werden. In den Folgejahren verlängerte man die Hafenbahn bis zur Fährbrücke. Zwei Drehbrücken im Zuge der Bahn – die Flotthafenbrücke und die Querkanalbrücke – ermöglichten die Durchfahrt von Schiffen zu den stadtwärts gelegenen Hafenbecken. Die Drehbrücken wurden nur zu bestimmten Zeiten für den Schiffsverkehr geöffnet. Dies war stets ein Streitpunkt zwischen der Eisenbahn und der Hafenbehörde.

Diente die Hafenbahn bisher nur dem Güterverkehr, änderte sich dies im Jahre 1883 mit der Inbetriebnahme der Eisenbahnstrecke von Bergen nach Altefähr. Zw schen dem Festland und der Insel Rügen wurde ein Eisenbahnfährverkehr eingerichtet. Als am 01. Juli der Zug von Bergen kommend auf der Eröffnungsfahrt den Bahnhof Altefähr erreichte, stand das Eisenbahnfährschiff *Prinz Heinrich* bereit, um die Reisezugwagen zum Bahnhof Stralsund Hafen zu trajektieren. Damit waren von nun an auch bedeutende Leistungen im Personenverkehr zu realisieren. Die Eisenbahn errichtete entsprechende Fähranlagen und baute die Strecke zum Hauptbahnhof für eine Geschwindigkeit von 30 km/h aus. Es entstand der Bahnhof Stralsund Hafen. Zur Sicherung des Eisenbahnverkehrs führte die Bahnverwaltung 1887 elektrische Läutewerke ein. Da sich der Fährverkehr gut entwickelte, wurden die Anlagen im Laufe der Jahre erweitert und leistungsfähigere Fährschiffe beschafft.

Die Inbetriebnahme der Strecke von Bergen nach Sassnitz am 01. Juli 1891, die Eröffnung der Postdampferlinie Sassnitz–Trelleborg und der Anschluß des Sassnitzer Hafens an die Eisenbahn am 01. Mai 1897 sowie die Aufnahme des Eisenbahnfährverkehrs nach Trelleborg am 06. Juli 1909 gaben dazu die notwendigen Impulse. Weitere Einzelheiten zum Fährverkehr Stralsund Ha en–Altefähr sollen hier nicht ausgeführt werden, da er an anderer Stelle ausreichend beschrieben wurde /9/.

Mit dem Bau des Rügendammes und seiner Inbetriebnahme am 05. Oktober 1936 stellte die Eisenbahn den Fährverkehr über den Strelasund ein und baute die Anlagen sukzessive zurück.

**Plan der Stadt Stralsund,
Hafenbahn, um 1910**

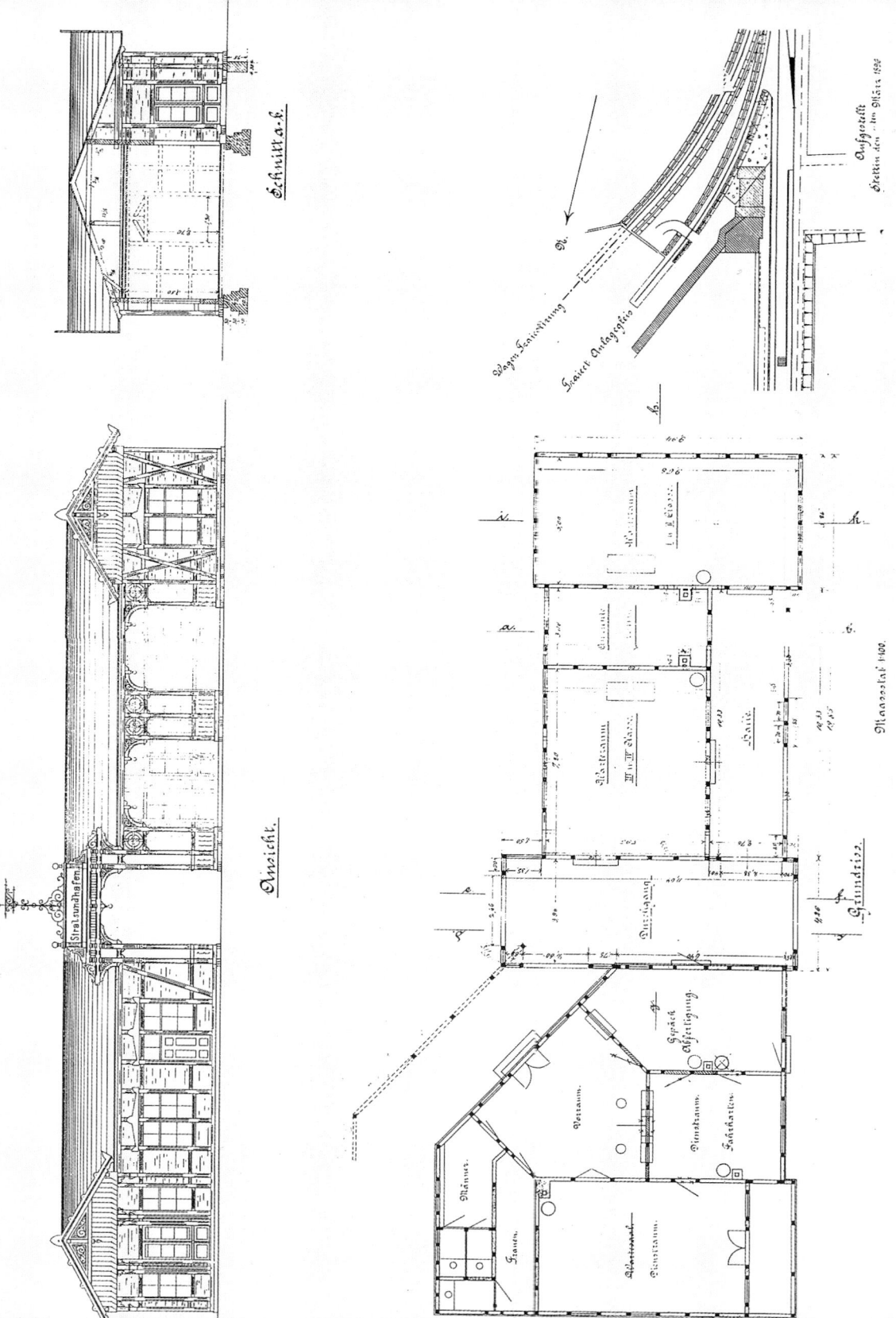

Grundriß Bf Stralsund Hafen, 1896

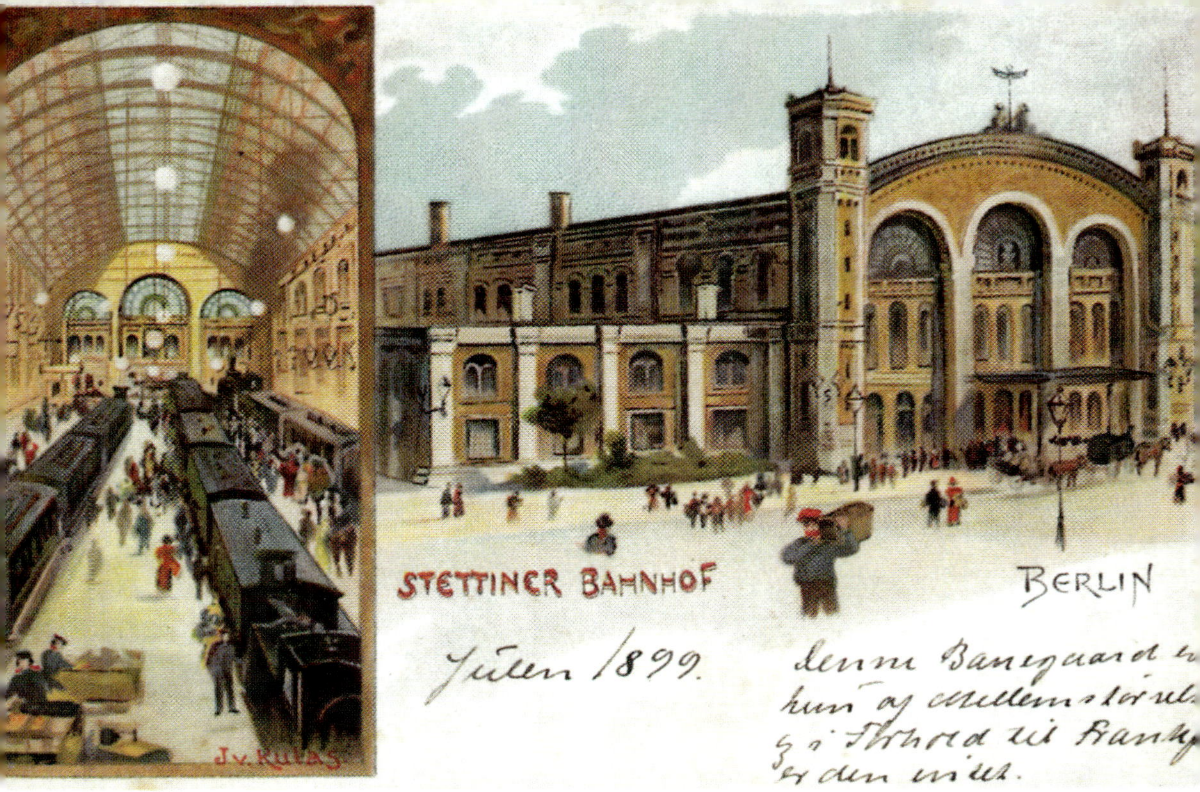

Stettiner Bahnhof in Berlin 1899.

Empfangsgebäude Bf Angermünde mit Vorplatz um 1915.

Bf Wilmersdorf/Um um 1900.

Bf Pasewalk Westseite um 1900.

Empfangsgebäude Bf Greifswald 1997.

Empfangsgebäude Bf Stralsund um 1910. Sammlung H. Vogel

Stralsund Hafenbahnhof, Trajektanlage, Bedienung des FS *Putbus* um 1910. Sammlung H. Vogel

FS *Preußen* mit Sassnitzer Fähranlage.

Sassnitz a. Rügen — Schwedenfähre Deutschland im Hafen

FS *Deutschland* im Hafen von Sassnitz.

FS *Sassnitz I* im Heimathafen.

Die Hubbrücke bei Karnin – heute technisches Denkmal.
Foto J. Scheffelke

Die Peenebrücke bei Anklam – auf dem Stellwerk Pkb Signalanlage für die Schiffahrt, 1996.

IC »Rügen« befährt im Verlaufe des Rügendammes die Klappbrücke über den Ziegelgraben, 1996.

Eisenbahnklappbrücke über den Querkanal im Stralsunder Hafen, 1997.

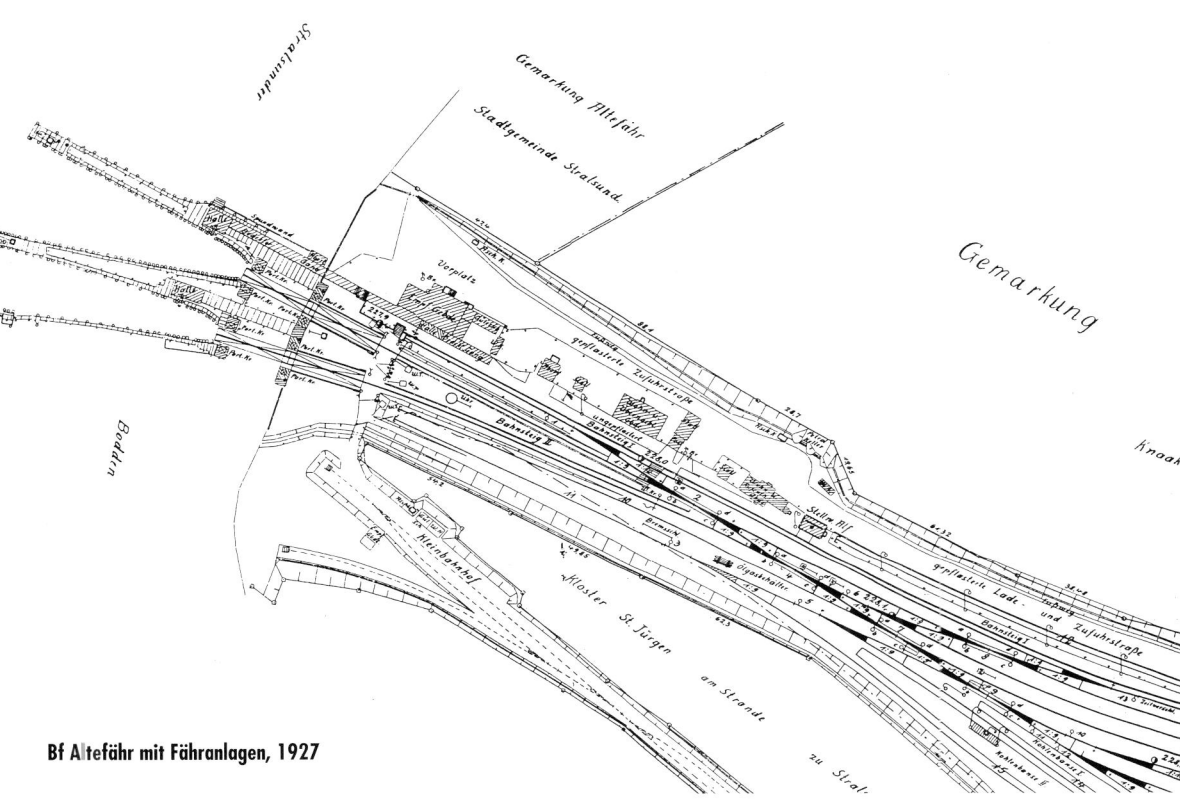

Bf Altefähr mit Fähranlagen, 1927

Der Rügendamm wird noch ausführlich in diesem Buch zu beschreiben sein, da er für die Entwicklung der Eisenbahn im Raum Stralsund große Bedeutung hat. Die Hafenbahn übernahm wieder ihre Aufgaben im Güterumschlag.

An der Hafenbahn hatten sich inzwischen einige wichtige Industrieanschlüsse angesiedelt. Im Jahre 1928 finden wir hier folgendes Bild vor:

Km 222,64	Stralsund Hbf
Km 223,11	Abzweig Franzburger Kleinbahn
Km 223,50	Zuckerfabrik
Km 223,56	Gaswerk
Km 223,90	Deutsch-Amerik.-Petrol.-Gesellschaft
Km 225,17	Stralsund Hafen
Km 225,22	Fähranlage
Km 226,03	Ende der Bahn an der Fährbrücke

1948 kam als bedeutender Anschluß die Volkswerft hinzu. Die anstelle der Drehbrücke 1932 errichtete Hubbrücke über den Querkanal wurde 1993/1994 rekonstruiert. Bis 1996 fand auch ein Umbau der Hafengleise statt. Dem sinkenden Eisenbahngüterverkehr geschuldet, liegt zwischen dem Querkanal und der Fährbrücke heute nur noch ein Gleis. Der Hafenumschlag wird überwiegend im südlichen Bereich durchgeführt, hier stehen im ausreichenden Maße Gleisanlagen zur Verfügung.

4

Das Bahnpolizei-Reglement

Mit der Genehmigung des Ministeriums für Handel, Gewerbe und öffentliche Arbeiten vom 07. November 1862 wurde auf der Grundlage des »Gesetzes über die Eisenbahnunternehmungen vom 03. November 1838« für die Angermünde-Stralsunder Eisenbahn und deren Zweig- und Hafenbahnen ein »Bahn=Polizei=Reglement« /16/ erlassen. Es trat am 03. September 1863 – von der Königlichen Regierung unterzeichnet – in Kraft.

Da es den Eisenbahnverkehr jener Zeit trefflich charakterisiert, wollen wir diesem Zeitzeugen ein Kapitel widmen.

Das Reglement war in folgende Abschnitte eingeteilt:
I Von den Bahnpolizei=Beamten – 1-7
II Bestimmungen für das Publikum – 8-24
III Zustand, Unterhaltung und Bewachung der Bahn – 25-32
IV Die Einrichtung und der Zustand der Betriebsmittel – 33-43
V Maßregeln zur Sicherung des Betriebes – 44-75
VI Aufsicht über die Bahnpolizei – 76-78

An der Gliederung ist zu erkennen, daß der Abschnitt V den größten Umfang besaß. Die Sicherheit des Betriebes stand bei der Eisenbahn immer im Vordergrund ihrer Tätigkeit.

Unbescholtener Ruf, 21 Jahre alt, lesen und schreiben können und vor allem die dienstliche Eignung waren unabdingbare Voraussetzungen der Berufung zum Eisenbahn-Beamten. Sie hatten entsprechend ihrer Charge im Dienst Uniform und das festgelegte Dienstabzeichen zu tragen oder waren mit einer Legitimation zu versehen. Die Beamten hatten sich dem Publikum gegenüber anständig und besonnen, ohne herrisches Auftreten zu verhalten.

Das Publikum wiederum hatte die festgelegten Bestimmungen unbedingt einzuhalten. Den Bahn-Polizei-Beamten hatten sie unweigerlich Folge zu leisten. Die Reisenden mußten den allgemeinen Anordnungen nachkommen, sonst konnten sie von der Fahrt ausgeschlossen, bzw. mit Ordnungsstrafen belegt werden. Das Betreten des Bahngeländes war Unbefugten grundsätzlich verboten. Geladene Gewehre durften bei einer Eisenbahnfahrt nicht mitgenommen werden. Schon damals bestand Rauchverbot. Nur in den dafür gekennzeichneten Abteilen durfte geraucht werden. Betrunkene Personen waren zur Fahrt nicht zugelassen. Die Beamten verwiesen sie vom Bahngelände und aus den Bahnhofswirtschaften.

Bei groben Verstößen auf dem Bahngebiet durch das Publikum und die Reisenden waren selbst Verhaftungen möglich. Die festgesetzten Personen mußten mit einer »Verhaftungskarte« der kompetenten Polizei-Behörde innerhalb von 24 Stunden übergeben werden.

Durch diese strengen Bestimmungen herrschte eine absolute Ordnung auf dem Eisenbahngelände.

Unterhaltung und Bewachung der Bahn mußten sich fortwährend in einem guten Zustand befinden, damit die durch das Reglement festgelegte größte zulässige Geschwindigkeit gefahren werden konnte. Dies traf auch auf die Einsatzbereitschaft der Betriebsmittel, Lokomotiven und Wagen zu. Periodische Prüfungen in Abhängigkeit von den zurückgelegten Entfernungen mußten nachgewiesen werden.

In der Folge wollen wir nun einige wichtige »Maßregeln zur Sicherung des Betriebes« nennen. Bei doppelgleisigen Bahnstrecken hatten die Züge das rechte Gleis zu befahren. Das Schieben der Züge durch Lokomotiven war in der Regel verboten. Bestand in Notfällen trotzdem das Erfordernis, durfte die Geschwindigkeit von 16 Minuten auf die Meile (28 km/h) nicht überschritten werden. Kein fahrplanmäßiger Zug mit Personenbeförderung durfte vor den im Fahrplan angegebenen Zeiten abfahren. Fuhren mehrere Züge hintereinander von einer Station in dieselbe Richtung, so durften Personenzüge den Güterzügen erst nach zehn Minuten, Güterzüge den Personenzügen erst fünf Minuten nach Abfahrt des vorangehenden Zuges folgen.

Die Wärter entlang der Strecke hatten die Züge bei kürzeren Zeitabständen als fünf Minuten zum Langsamfahren durch ein Signal aufzufordern. Verlorene Fahrzeit durfte der Lokführer durch Vermehrung der Geschwindigkeit nicht aufholen. Bei der Bildung von Zügen war darauf zu achten, daß die vorgeschriebene Anzahl von Bremsen sich im Zug befinden und gleichmäßig verteilt sind. Bei Zügen mit Personenbeförderung mußte wenigstens ein belasteter Wagen ohne Passagiere auf den Tender folgen.

Die nachstehend bezeichneten Höchstgeschwindigkeiten a) bei den Courier- und Schnellzügen, sowie bei den Zügen der Höchsten und Allerhöchsten Herrschaften sechs Minuten pro Meile (75 km/h), b) bei den Personenzügen acht Minuten pro Meile (56 km/h), c) bei den Güterzügen 13 Minuten pro Meile (35 km/h) durften auf keiner Strecke, selbst nicht bei den allergünstigsten Verhältnissen, überschritten werden.

Schneepflüge oder Wagen zur Brechung des Glatteises mußten mit eigenen Lokomotiven den Zügen voranfahren.

Ganz eindeutig waren Bestimmungen für die Signalgebung im Bahn-Polizei-Reglement verankert.

»Die Bahnwärter müssen dem herannahenden Zuge folgende Signale geben können: 1) Die Bahn ist fahrbar. 2) Langsam fahren. 3) Stillhalten. Die Zugführer, Schaffner und Bremser müssen das Signal zum Halten geben können. Die Lokomotivführer müssen folgende Signale geben können: 1) Achtung geben. 2) Bremsen anziehen. 3) Bremsen loslassen«.

Hieraus ist zu erkennen, daß bereits in den Gründerjahren des Eisenbahnwesens einheitliche Signale und ihre Anwendung zum Erreichen eines hohen Sicherheitsstandards notwendig waren.

»Vor der Ankunft und auf Endstationen, auch vor Abfahrt eines jeden Zuges, ist nachzusehen, ob die Bahngleise, welche derselbe auf der Station zu durchlaufen hat, frei und die betreffenden Weichen richtig gestellt sind«.

Diese bedeutsamen Bestimmungen haben sich bis heute unter dem Begriff »Fahrwegprüfung« erhalten.

Einzige Kommunikation zwischen dem Zugführer und dem Maschinisten, sowie den Schaffnern und Bremsern war die Dampfpfeife. Für die Letzteren gab es eine besonders harte Dienstanweisung zur Sicherung der Zugfahrt, die bei jedem Wetter und jeder Zuggeschwindigkeit galt:

»Schaffner und Bremser, welche den Dienst haben, dürfen während der Fahrt nicht in verdeckten Wagen Platz nehmen, sondern müssen zur wirksamen Beaufsichtigung des Zuges und Erkennung der Signale außerhalb derselben in entsprechender Art postiert werden«.

Bei erheblichen Dienstvernachlässigungen oder groben Pflichtverletzungen konnten Geldstrafen erhoben werden, aber auch die Entfernung der Beamten von ihrer polizeilichen Funktion sowie vom Eisenbahndienst erfolgen. Das »Bahn=Polizei=Reglement« wurde mehrfach überarbeitet bzw. neu gefaßt bis letztendlich am 01. Mai 1905 die erste »Eisenbahn-Bau- und Betriebsordnung« in Kraft trat.

5

Lokomotiven zwischen Angermünde und Stralsund

Zum Zeitpunkt des Baubeginns der Angermünde-Stralsunder Eisenbahn hatte sich der deutsche Lokomotivbau bereits gegen die ausländische Konkurrenz durchgesetzt. Er bot den Bahnen zuverlässige Lokomotiven in genügender Stückzahl an. Die Firma Borsig in Berlin belieferte die Berlin-Stettiner Eisenbahn seit 1842 zur vollsten Zufriedenheit und war natürlich auch jetzt sofort zur Stelle. Die ersten vier Maschinen kamen jedoch 1862 von der noch jungen Lokomotivbau-Abteilung der Stettiner Vulcan-Werft.

Im Jahre 1857 wurde die »Stettiner Maschinenbau Actien-Gesellschaft Vulcan« gegründet. Schon 1858 führte die Gesellschaft neben dem Schiffbau und dem allgemeinen Maschinenbau als dritten Betriebszweig den Lokomotivbau ein. 1859 konnten die ersten beiden Lokomotiven an die Berlin-Stettiner Eisenbahn ausgeliefert werden. Es waren die Güterzugloks »Bellona« und »Hebe«, die auf der Strecke Stargard–Köslin eingesetzt wurden. Die B1-Maschinen versahen bis 1871 ihren Dienst. 1860 kam die Fabrik-Nr. 3 »Thetis« in gleicher Bauart dazu. Zwei weitere B1 (Fabrk-Nr. 4 und 5) gingen an die Königliche Ostbahn.

Zum allgemeinen Verständnis ein Wort zur Bauartbezeichnung der Lokomotiven. Zunächst wird die Achsfolge der Loks dargestellt - die Zahl und die Anordnung der Treibachsen mit großen Buchstaben und die Laufachsen mit arabischen Zahlen.
A eine angetriebene Achse
B zwei angetriebene Achsen, die miteinander gekuppelt sind usw.
1 eine Laufachse
2 zwei aufeinander folgende Laufachsen
Beispiel: B1–2 Treibachsen, 1 Laufachse.

Weiterhin sind Zusatzbezeichnungen für die Dampfart, die Anzahl der Zylinder und die Art der Dampfdehnung üblich. In den Anfangsjahren bezeichneten die Bahnen ihre Lokomotiven mit Namen – später mit Nummernsystemen. Die Verfahrensweise der BSTE sowie der Länder- und der Reichsbahn wurde bereits ausführlich beschrieben /17/ und soll hier nicht wiederholt werden.

Die Fabrik-Nr. 6-11 eröffneten den Reigen der neuen 1B-Maschinen von Vulcan. Sie gelangten wiederum zwischen Stargard und Köslin zum Einsatz.

Vulcan entwickelte weitere leistungsfähige Heißdampf-Güterzug-Lokomotiven für die KPEV - 1905 kam diese Dh2-Maschine zur Auslieferung, BR 55.16-20. Sammlung Dr. Cnotka

Bestand an Dampflokomotiven in ausgewählten Bahnbetriebswerken
Stand: 1. Februar 1932

Bahnbetriebs-werk	Baureihe									
	17	38	55	57	64	74	78	89	92	gesamt
Bw Angermünde	-	5	12	10	-	-	-	-	5	32
Bw Pasewalk	1	11	5	12	-	4	-	-	6	39
Bw. Stralsund	-	21	15	3	10	19	2	4	-	74

Stand: 12. Februar 1944

Bahnbetriebs-werk	Baureihe										
	17	38	39	50	52	64	74	89	91	92	gesamt
Bw Angermünde	-	-	-	9	26	-	3	-	-	4	42
Bw Pasewalk	-	9	-	1	28	2	3	-	-	7	50
Bw Stralsund	5	11	4	13	-	5	8	3	1	-	50

Im Bw Angermünde befand sich 1944 außerdem eine Lokomotive der SNCF, 130 TC.

Mit der Fabrik-Nr. 12 begann dann die Lokomotivabteilung der Stettiner Vulcan 1862 ihre Lieferungen für die Vorpommersche Eisenbahn. Es war die erste Lokomotive auf dieser Strecke. Sie kam bereits während der Bauzeit zum Einsatz und trug den Namen »Prenzlau«. In den Jahren 1862/1863 lieferte Vulcan insgesamt zwölf Loks diesen Typs.

    Bauart 1B
    Zylinderdurchmesser   406 mm
    Kolbenhub   559 mm
    Treibraddurchmesser   1676 mm

Die Verwendbarkeit der 1B war universell, sie lief als Personen- und Güterzuglokomotive. Auf den vorpommerschen Bahnen wurde sie für Gemischt- und Personenzüge verwendet. Interessanter Weise sollen auch die Namen der weiteren elf Loks genannt werden. Sie bezogen sich auf die Stationen an der Strecke: Pasewalk, Anclam, Greifswald, Stralsund, Wolgast, Greiffenberg, Wilmersdorf, Seehausen, Borkenfriede, Nechlin, Ferdinandshof in der Reihenfolge der Fabriknummern 13-22.

Von den in den Anfangsjahren 1862-1864 für die Angermünde-Stralsunder Eisenbahn beschafften 30 Maschinen kamen neben den zwölf Vulcan-Erzeugnissen noch 18 vom Stammlieferanten der BSTE, der Firma Borsig.

    Fabrik-Nr.
1863 1425-30,   1A1, Personenzugloks
         1458-60,
         1461-63,   1B,   Güterzugloks
1864 1572-78,   1B,   Güterzugloks

An der Ladestraße in Pasewalk wartet die 52er auf ihren nächsten Einsatz.
Sammlung E. Morlok

**01 0504-9 mit Volldampf über die Peenebrücke bei Anklam, 1980.
Foto R. Seidel**

Auch hier die Triebwerksabmessungen:
Bauart 1B
Zylinderdurchmesser   406 mm
Kolbenhub   560 mm
Treibraddurchmesser   1372 mm

Die 1A1-Maschinen entsprachen den Abmessungen von Vulcan. Ergänzend einige Bemerkungen aus der Bauvorschrift von Borsig zu diesen Loks: Es gab eine Überdachung für den Lokführer, welche vorn und an den Seiten mit zweckmäßig arrangierten Fenstern aus sehr starkem Glas versehen waren. Die Konstruktion der Maschinen und Tender entsprach den vorhandenen Formen der Berlin-Stettiner Bahn. Der Tender war für 7 cbm Wasser und 3 t Kohle ausgelegt.

Auch die Borsig-Lokomotiven erhielten von der BSTE wieder klangvolle Namen:
Fabrik-Nr. 1425-30: Ücker Randow, Peene, Züssow, Miltzow, Jatznick

**Einfahrt auf Gleis 6 Bf Angermünde – BR 50.
Sammlung E. Morlok**

Fabrik-Nr: 1458-60: Ducherow, Löcknitz, Grambow
Fabrik-Nr. 1461-63: Zarow, Ryck, Ostsee
Fabrik-Nr. 1572-76: Centaur, Cyclop, Goliath, Panther, Germania, Barbarossa /32/.

Diese Lokomotiven reichten der BSTE für den Betrieb auf der Angermünde-Stralsunder Bahn bis Ende 1869. Dann beschloß das Direktorium, den Fahrzeugbestand weiter zu vervollständigen und erhielt dazu auch die notwendigen Genehmigungen.

So lieferte Vulcan 1870 nochmals drei Personenzugloks in den uns schon bekannten Abmessungen – diesmal aber in der Ausführung 1A1. Die Fabrik-Nr. 299-301 erhielten die Namen Verein, Fides und Regina. Sie unterschieden sich nur in Äußerlichkeiten von den zuletzt übergebenen Maschinen. Der Dampfdruck hatte mit 7,14 at immer noch ein geringes Ausmaß. Die »Fides« war die 300. Lok der Vulcan!

Neben den schon kurz genannten zweifach gekuppelten Lokomotiven beherrschten die 1A1-Maschinen bis etwa Ende der 80er Jahre den Betrieb auf den vorpommerschen Bahnen. »Spinnräder« wurden sie wegen ihres großen Treibrades genannt. Diese ungekuppelte Lok mit einer vorderen und einer hinteren Abstützung des Kessels durch Laufachsen eignete sich für die Flachlandstrecke besonders gut.

Bei den umfangreichen Aufträgen Anfang der 70er Jahre bedachte die BSTE auch die Firma Wöhlert aus Berlin . Sie baute schon seit 1848 Lokomotiven, fiel aber Mitte der 70er Jahre der Konjunkturkrise – der preußische Staat bestellte nur sehr geringe Stückzahlen – zum Opfer. Wöhlert hatte 1853 die erste deutsche 1B-Lok mit Außenzylinder und unterstütztem Stehkessel geliefert und damit wesentlich zum eigenständigen Lokomotivbau in Deutschland beigetragen /19/.

1872 Fabrik-Nr. 374-76, 1B, Personenzuglok
   (Gutheil, Glückauf, Windsbraut)
1874 Fabrik-Nr. 524-26, B1, Tenderlok

Sie gehörten zu den stärksten B1-Tenderloks ihrer Zeit, bei gleichen Zylinder- und Treibradabmessungen wie die C-Maschinen.

Bauart B1
Zylinderdurchmesser   418 mm
Kolbenhub   628 mm
Treibraddurchmesser   1255 mm

Namen wurden bei der BSTE ab 1873 nicht mehr vergeben. Weitere Personenzugloks kamen von Vulcan:
1873 Fabrik-Nr. 543-48, 1B,
1875 Fabrik-Nr. 688-93, 1B,
     Fabrik-Nr. 676-79, 1A1.

Mit den Fabrik-Nr. 676-79 lieferte Vulcan die letzten 1A1-Maschinen in Deutschland.

Ab 1869 beschaffte die Berlin-Stettiner Eisenbahn für ihre vier Netze:
Netz A – Stammbahn
Netz B und D – Hinterpommersche Eisenbahn
Netz C – Vorpommersche Eisenbahn
gleiche Lokomotiven. Die »Einheitsloks« bauten Vulcan-Stettin und Wöhlert-Berlin. Bis zur Verstaatlichung 1880 erhielt die BSTE insgesamt 55 Loks für das Netz C. Da die Angermünde-Stralsunder Eisenbahn landwirtschaftliche Gebiete bediente, war die Zahl der Güterzuglokomotiven wesentlich geringer, als die der Personenzugloks. Sie waren fast alle leicht gebaut, mit relativ geringem Achs- und Dampfdruck (ca. 8 bar). Die Vorpommersche Eisenbahn besaß bis jetzt keine Schnellzuglok. Auch die dreifach gekuppelte Güterzuglok der Bauart C war hier nicht vorhanden, obwohl die BSTE 1869-1876 45 Stück (davon 41 von Vulcan und vier von Wöhlert) beschafft hatte. Sie kamen nur auf der Stammbahn und auf den hinterpommerschen Bahnen zum Einsatz.

Um 1871 machten sich in Preußen Bestrebungen zur Vereinheitlichung der Lokomotiven bemerkbar. Die einzelnen Bahngesellschaften verfügten über viele unterschiedliche Typen in oft geringen Stückzahlen. Im Jahre 1876 einigten sie sich zunächst auf zwei einheitliche Typen, eine Personenzuglok, die spätere P 2 und eine C-Güterzuglokomotive, die G 3. Mit der fortschreitenden Verstaatlichung der Bahnen hatte die weitere Normierung natürlich immer größere Bedeutung. Anfang der 80er Jahre des 19. Jahrhunderts bestanden etwa elf verschiedene Bauarten von Normallokomotiven, mit denen praktisch alle Bedürfnisse auf den preußischen Strecken befriedigt werden konnten. Es dauerte jedoch bis zur Gründung der Deutschen Reichsbahn, um zu wirklichen »Einheitsmaschinen« zu kommen. Der von der Preußischen Staatsbahn verfolgte Gedanke der Vereinheitlichung der Triebfahrzeuge führte zu annähernd gleichen Fahrzeugbeständen in den einzelnen Bahnbetriebswerken.

Nachdem wir die Lokomotiven der Vorpommerschen Bahn während der Privatbahnzeit ausführlich beschrieben haben, werden wir uns im folgenden auf einige Besonderheiten im Triebfahrzeugeinsatz auf unserer Strecke beschränken. Dazu wollen wir einige markante Baureihen betrachten, die ihre Spuren hier hinterlassen haben.

So fallen z.B. die in den Bahnbetriebswerken Stralsund und Sassnitz beheimateten Tenderloks T 12/BR 74 und T 18/BR 78 auf. Wir erinnern uns, daß die Firma Wöhlert 1874 die ersten drei Tenderloks für das Netz C an die Berlin-Stettiner Eisenbahn geliefert hatte. Robuste Tendermaschinen waren im Nebenbahndienst, Vorortverkehr und Verschiebedienst auf den preußischen Bahnen begehrt. Aus den um 1900 konstruierten 1Cn2-Lokomotiven T 9.3 wurde die Heißdampfmaschine T 12 entwickelt.

Von 1905-1921 lieferte hauptsächlich die Firma Borsig diese Maschine an die Preußische Staatsbahn/Deutsche Reichsbahn.

**Gruppenbild vor dem Angermünder Lokschuppen 1921.
Sammlung E. Morlok**

```
Bauart 1Ch2
Zylinderdurchmesser    540 mm
Kolbenhub              630 mm
Treibraddurchmesser    1500 mm
Kesselüberdruck        12 bar
Höchstgeschwindigkeit  80 km/h
```

Sie war eine der bekannten Stadtbahn-Dampfloks in Berlin, die vor- und rückwärts gleich schnell fahren konnten. Die Königliche Eisenbahndirektion Stettin erhielt von 1908 bis 1912 Loks dieser Bauart. Nach dem Umzeichnungsplan von 1925 waren noch 19 Stück vorhanden, von denen 17 von Borsig kamen /20/. Sie wurden überwiegend den Bahnbetriebswerken in Stralsund und in Sassnitz übergeben. In Stralsund bedienten sie bis 1936 u.a. den Fährhafen. Auf der Insel Rügen setzte das Bw sie im Zugverkehr und am Fährhafen Sassnitz ein. Auf Grund der hohen Anforderungen im internationalen Verkehr und höheren Zuglasten suchte die Bahnverwaltung nach der Eröffnung der Eisenbahnfährlinie Sassnitz–Trelleborg aber bald nach stärkeren Triebfahrzeugen für den Schnellzugverkehr. So wurde seitens der KPEV die Stettiner Vulcan mit dem Entwurf und Bau einer 2C2h2-Personenzug-Tenderlok beauftragt. Sie bestellte zunächst zehn Stück. Diese Lokomotiven, die das Gattungszeichen T 18 erhielten, gelangten im Herbst 1912 an die KED Stettin zur Auslieferung /20/. Sie kamen alle zum Bw Sassnitz und versahen hier bis 1932 ihren Dienst im Schnellzugverkehr.

**Der Pasewalker Lokschuppen
aus dem Jahre 1863.**

Von den von Vulcan in den Jahren 1912-1920 an die KED Stettin gelieferten Loks dieser Bauart waren 1925 noch 23 im Einsatz /20/. Sie versahen auch im Bw Stralsund ihren Dienst. 1968 gab es noch rund 40 Stück bei den deutschen Bahnen – darunter in Pasewalk und Stralsund. Die T 18/BR 78 bildete gleichzeitig den Abschluß der Entwicklung von Tenderloks für den Personenzugverkehr in Preußen.

Bauart	2C2h2
Zylinderdurchmesser	560 mm
Kolbenhub	630 mm
Treibraddurchmesser	1650 mm
Kesselüberdruck	12 bar
Höchstgeschwindigkeit	100 km/h

Da die T 18 auch den Abschluß bei der Neuentwicklung von Lokomotiven der Vulcan in Stettin-Bredow darstellte, soll hier ein kurzer Überblick zu einem der »Hoflieferanten« der BSTE und der KPEV gegeben werden. Borsig als der andere »Hauslieferant« wurde bereits gewürdigt /17/.

Die Lokomotivabteilung bestand von 1858 bis 1928. Die letzte Lokomotive trug die Fabriknummer 4019. Man unterlag letztendlich dem unerbittlichen Konkurrenzkampf in diesem Industriezweig im Zusammenhang mit der Quotenregelung der Deutschen Reichsbahn-Gesellschaft.

In Zusammenarbeit mit der KPEV entstanden bei Vulcan eine Anzahl Neuentwicklungen – deren hervorragendste die Heißdampflokomotiven waren. Stellvertretend soll die am 12. April 1898 abgelieferte Heißdampf-Schnellzuglok mit Schmidtschem Flammrohr-Überhitzer (Fabrik-Nr. 1643) stehen. Die 2Bh2-Maschine ging an die KED Hannover.

Sie wurde im Werk weiter verbessert und bildete den Grundstock zur Entwicklung eines Lokomotivsystems, welches sich schnell durchsetzte und als ein Markstein in der Geschichte des Triebfahrzeugbaus bezeichnet werden kann. Nachdem der Konstrukteur Garbe – Fahrzeugdezernent der Eisenbahndirektion Berlin und eifriger Verfechter der Heißdampflok – 1901 die erste Heißdampf-Güterzuglok entworfen hatte, begann 1902 Vulcan mit der Konstruktion und Ausführung. Bis

Lokschuppen 2 in Stralsund, 1997.

1904 wurden 13 Maschinen (Dh2) an die preußische Staatsbahn ausgeliefert und von dort weiter in großen Stückzahlen bestellt. Die BR 55.16-20/G 8 wurde auch von anderen Betrieben hergestellt, aber ein großer Anteil kam von Vulcan. Bis 1911 hatte das Werk schon 322 Heißdampflokomotiven produziert. Im Jahre 1912 schloß sich die vorher beschriebene T 18 an diese Erfolgskette an. Abschließend sei zu den Leistungen der Maschinenbau-Actien-Gesellschaft Vulcan Stettin hinzugefügt, daß auf ihrer Werft die beiden Eisenbahnfähren für den Schwedenverkehr *Deutschland* und *Preußen* im Jahr 1909 fertiggestellt wurden.

Nach diesem kleinen Ausflug in die Geschichte der Vulcan nun zurück zu den Lokomotiven auf den vorpommerschen Strecken.

In der Zeit vor 1945 dominierten im Güterzugverkehr die Baureihen 55/G 8, G 8.1 und 57/G 10 in den Bahnbetriebswerken Angermünde, Pasewalk und Stralsund. In den 40er Jahren und später kamen die BR 50 und 52 hinzu. Im Personenzugverkehr waren die BR 38/P 8 und die 03 im Einsatz. 1956 besaß z.B. das Bw Stralsund zehn Maschinen der BR 03 für den Schnellzugverkehr. Sie wurden ab 1966 im Komplex von Personalen verschiedener Bahnbetriebswerke entlang der Strecke gefahren. Die Triebfahrzeugreihe 01 vom Bw Berlin Ostbahnhof befuhr regelmäßig die Relation Berlin–Stralsund.

Am 31. Mai 1980 machte die heutige Museumslok 03 1010 mit dem Schnellzugpaar D 813/D 914 zwischen Stralsund und Berlin die Abschiedsfahrt.

Alle genannten Baureihen sind an anderer Stelle ausreichend beschrieben, ebenso die dann folgenden Diesel- und Elektroloks.

Heute bestimmt die Ellok der BR 143 das Bild auf unserer Strecke.

Bemerkenswert ist die Stationierung eines Wittfeld-Triebwagens (Akku) in Greifswald von 1914-1945. Er war auf der Route Velgast–Stralsund–Greifswald im Einsatz. Auf dem Bf Greifswald gab es für ihn einen besonderen Triebwagenschuppen.

Beheimatet und versorgt wurden die Lokomotiven der Vorpommerschen Eisenbahn in den Bahnbetriebswerken und angeschlossenen Lokbahnhöfen. 1863 errichtete die BSTE mit dem Bau der Bahnhöfe kleinere Lokschuppen sowie Anlagen zur Versorgung mit Brennstoffen und Wasser sowie zur Entsorgung. Es waren meist einfache Gebäude mit vier bis sechs Lokständen in der Nähe der Bahnsteige, um ein schnelles Umspannen sowie eine kurze Restaurationszeit der Loks zu ermöglichen. Solche Schuppen und Wasserstationen entstanden in Angermünde, Pasewalk, Anklam, Greifswald (neun Stände), Stralsund und Wolgast. Mit der Zunahme der Anzahl, der Größe und der erweiterten Wartung der Triebfahrzeuge mußten neue Lokschuppen und neue technische Anlagen errichtet werden. Sie wurden wegen des Platzbedarfes am Rande der Bahnhöfe angelegt. Bedeutende Ringschuppen baute die Preußische Staatsbahn in den ersten Jahren nach der Verstaatlichung in Stralsund und Pasewalk, Angermünde folgte 1909. Das Bw Stralsund ragt mit seinen drei großen Lokhallen hier noch heraus.

1940 sind an Bahnbetriebswerken und Lokbahnhöfen vorhanden:
Bw Eberswalde
Bw Angermünde
Bw Pasewalk mit den Lokbahnhöfen Prenzlau und Ueckermünde,
Bw Stralsund mit den Lokbahnhöfen Anklam, Barth, Demmin, Greifswald, Loitz, Ribnitz, Wolgast, FS'e *Deutschland, Preußen*
Bw Swinemünde Hbf mit dem Lokbahnhof Zinnowitz
Bw Sassnitz Hafen mit den Lokbahnhöfen Binz und Bergen (Rügen)

In den folgenden Jahren wurden schrittweise die Lokbahnhöfe aufgelöst und die Triebfahrzeuge in den Bahnbetriebswerken (heute: Werke) Pasewalk und Stralsund konzentriert.

Abschließend zu diesem Kapitel sei noch auf eine besondere Rarität hingewiesen. Die Rbd Greifswald hatte ihren vom Bw Stralsund betreuten sogenannten »Präsidenten-Triebwagen« im Greifswalder Lokschuppen geparkt. Dieser 1935 erbaute Triebwagen vom Typ »Karlsruhe« diente einst für Inspektionsreisen und wird jetzt zusammen mit einem Beiwagen zu Traditionsfahrten genutzt. Seit 1996 gehört er zum Bestand des Verkehrsmuseums Nürnberg.

6

Das Entstehen von Eisenbahnknoten

Bahnhof Angermünde

Die Eisenbahnstrecke von Angermünde nach Stralsund ist erbaut, und wir wollen nun sehen, wie sie sich in den folgenden Jahren weiterentwickelt hat. Besonders interessieren uns dabei die großen Knotenbahnhöfe.

In den Jahren 1904 bis 1908 wurde das zweite Gleis errichtet. Das hatte natürlich überall weitgehende Folgen auf die Bahnhofsgestaltung. Als ersten zweigleisigen Abschnitt übergab der Baubereich bereits am 24. Mai 1902 Nechlin–Pasewalk–Jatznick /4/.

In Angermünde hatte sich schon davor einiges ereignet. Am 10. Dezember 1873 erfolgte die offizielle Eröffnung der Angermünde-Schwedter Bahn. Im gleichen Jahr ging auch das zweite Gleis nach Stettin in Betrieb. Am 01. Januar 1877 folgte die Strecke Angermünde–Freienwalde, die ab Mai für den durchgehenden Verkehr bis Frankfurt/Oder nutzbar wurde. Erbauer war die Berlin-Stettiner Eisenbahngesellschaft. Damit im Zusammenhang waren die Gleisanlagen des zweiseitigen Bahnhofs mehrfach erweitert worden.

Die durch den gewachsenen Verkehr entstandenen betrieblichen Engpässe bei der Durchführung der Zug- und Rangierfahrten mußten mit dem nun folgenden zweigleisigen Ausbau beseitigt werden. Ein umfassender Bahnhofsumbau begann 1906 und währte bis etwa 1909. Im südlichen Bereich bestanden für Erweiterungen – hervorgerufen durch die damalige Stadtentwicklung – keine Möglichkeiten. Im Norden des Bahnhofs waren dagegen genügend freie Flächen vorhanden.

Bf Angermünde in den 20er Jahren.
Heimatmuseum Angermünde

Eisenbahnkarte 1928 (Auszug)

Lieber Leser,

Ihre Meinung ist uns wichtig!
Nur durch Ihre Anregungen und Ihre
Kritik können wir uns ständig verbessern.
Bitte schreiben Sie uns doch auf dieser Antwortkarte, wie Ihnen das Buch gefallen hat.

Autor und Titel des Buches:

Meine Meinung zu diesem Buch:

Ich habe dieses Buch gekauft bei
☐ Buchhandel   ☐ Versandhandel   ☐ Sonstigem Händler

Schreiben Sie uns und gewinnen Sie!

Unter den Einsendern
werden jeden Monat
10 Büchergutscheine
im Wert von
jeweils
99 Mark
verlost.

Bitte ausreichend frankieren

Antwortkarte

Paul Pietsch Verlage
Abteilung Kunden-Service
Postfach 10 37 43

70032 Stuttgart

Vorname

Nachname

Straße

PLZ, Ort

Beruf

Geburtsdatum

Bitte schicken Sie mir **gratis** Ihren Prospekt mit allen lieferbaren Titeln zum Thema:

- [ ] Auto
- [ ] Motorrad
- [ ] Eisenbahn
- [ ] Luftfahrt
- [ ] Waffen
- [ ] Zeitgeschichte
- [ ] Maritim
- [ ] Reisen/Survival/Sport
- [ ] Fahrrad
- [ ] Pferde
- [ ] Hunde/Katzen
- [ ] Essen/Trinken
- [ ] Angeln/Tauchen

Kostenlos für Sie!

Spannende Abenteuer mit der Eisenbahn, computergesteuerte Modellbahn-Tests, originelle Werkstatt-Tips, einmalige Fotos, Geschichten von Menschen und Maschinen – bei uns finden Sie alles, was Modell und Vorbild an Faszination bieten.

Überzeugen Sie sich selbst! Wir schicken Ihnen gern ein kostenloses Probeheft zum Kennenlernen und Schnuppern.

Also gleich diese Karte ausfüllen und einwerfen. Oder per Fax anfordern.
Fax (0711) 2360415 oder 2108074

Bitte schicken Sie mir gratis ein Probeheft!

Vorname, Name

Straße, Nr.

LKZ PLZ, Ort

Vorwahl   Telefon-Nr.

Bitte leserlich (in Druckbuchstaben) schreiben,
damit eine fehlerhafte Adressierung vermieden wird.

Modell Eisen Bahner

Bitte mit
Postkarten-
Porto
freimachen

Werbeantwort

Redaktion
Modelleisenbahner
Pietsch + Scholten Verlag
Postfach 10 37 43

D-70032 Stuttgart

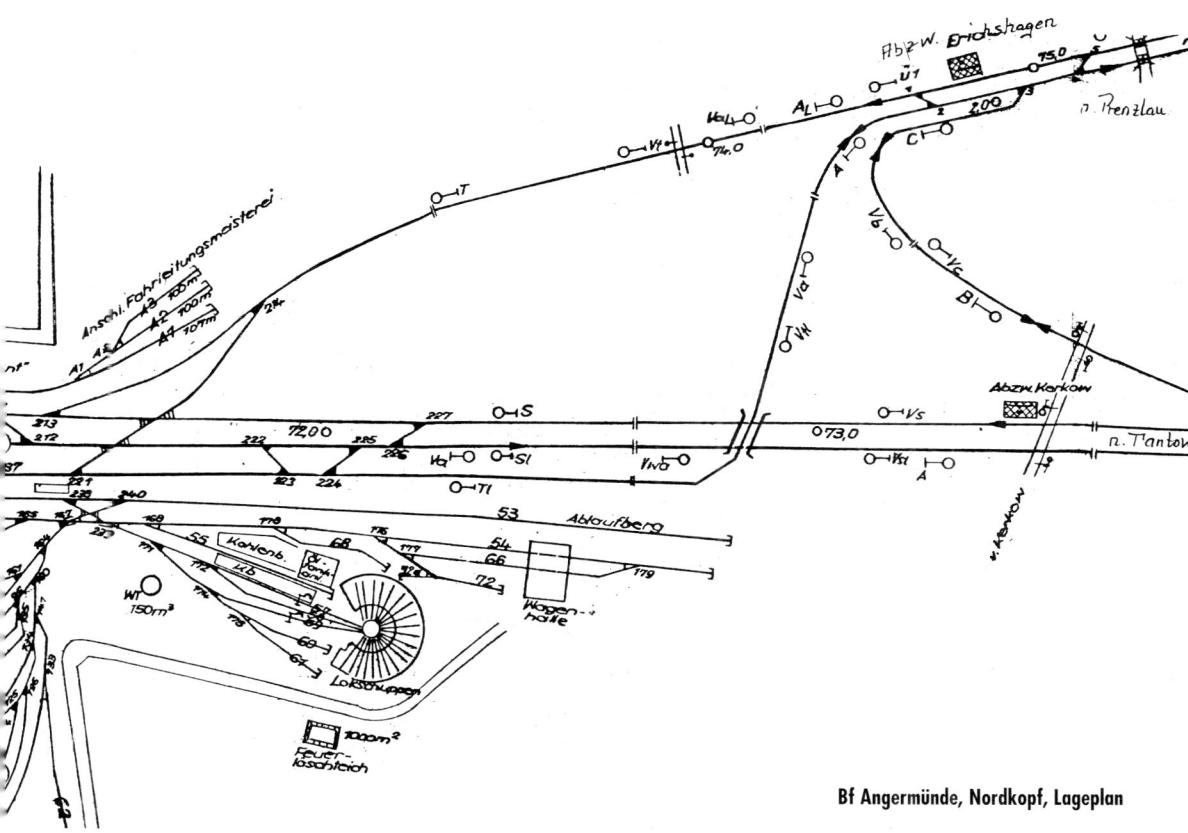

Bf Angermünde, Nordkopf, Lageplan

Die Gleise wurden auf die westliche Seite des Empfangsgebäudes verlegt und drei überdachte Bahnsteige errichtet, die man durch Tunnel miteinander verband. Der Güterbahnhof mit dem alten Eilgutschuppen verschwand von der Alt Künkendorfer Straße. An der Templiner Straße entstanden die neuen Rangieranlagen und ganz im Norden neben der Ausfahrt nach Stettin und Stralsund ein größerer Lokschuppen. Die Güterabfertigung war 1907 fertig. Wegen des starken Verkehrs auf Schiene und Straße gestaltete die Eisenbahn den Süd- und Nordkopf des Bahnhofs kreuzungsfrei. Das zweite Gleis nach Stralsund wurde zwischen Angermünde und der Abzweigstelle Erichshagen als Verbindungsbahn mit einem Personen- und einem besonderen Güterzuggleis ausgestattet. Das dazugehörige Kreuzungsbauwerk, 1909 in Betrieb genommen, überquerte die Strecke Berlin–Stettin.

Mit den Zweigbahnen nach Schwedt und Frankfurt/Oder, den zweigleisigen Strecken Berlin–Stettin und Angermünde–Stralsund sowie den neuen betrieblichen und verkehrlichen Anlagen stellte sich der Bahnhof Angermünde im Jahre 1910 als ein leistungsfähiger Eisenbahnknoten im Netz der preußischen Staatsbahn dar.

Bahnhof Prenzlau

Das 1899 in Betrieb genommene sogenannte Templiner Kreuz zwischen der Nordbahn und der Vorpommerschen Bahn hatte den Bf

Bf Wilmersdorf (Kr. Angermünde)
km 83,88

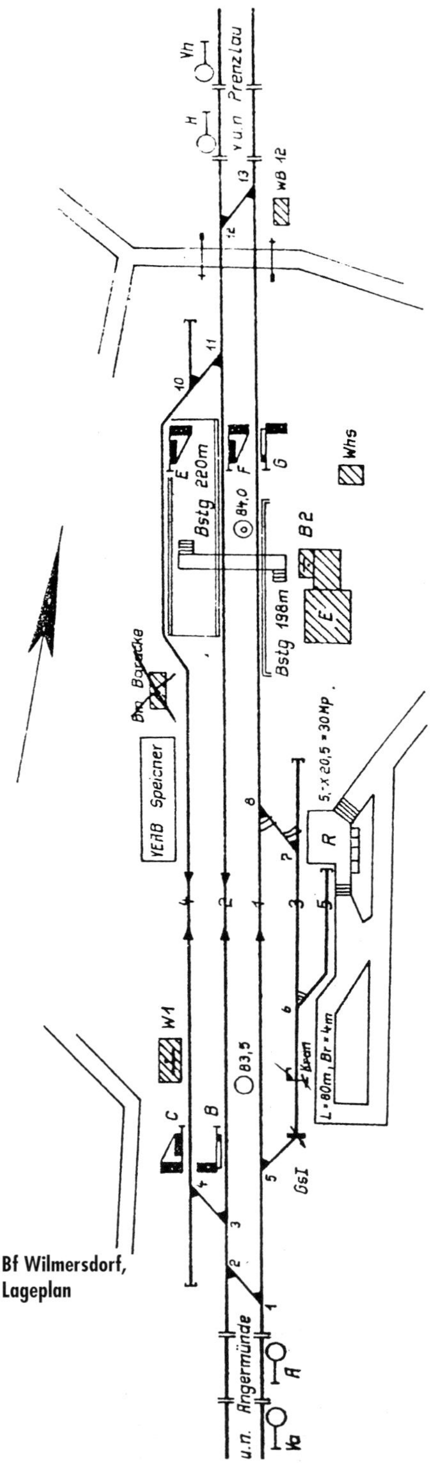

Seehausen (Uckerm.)
km 92,00

Bf Wilmersdorf, Lageplan

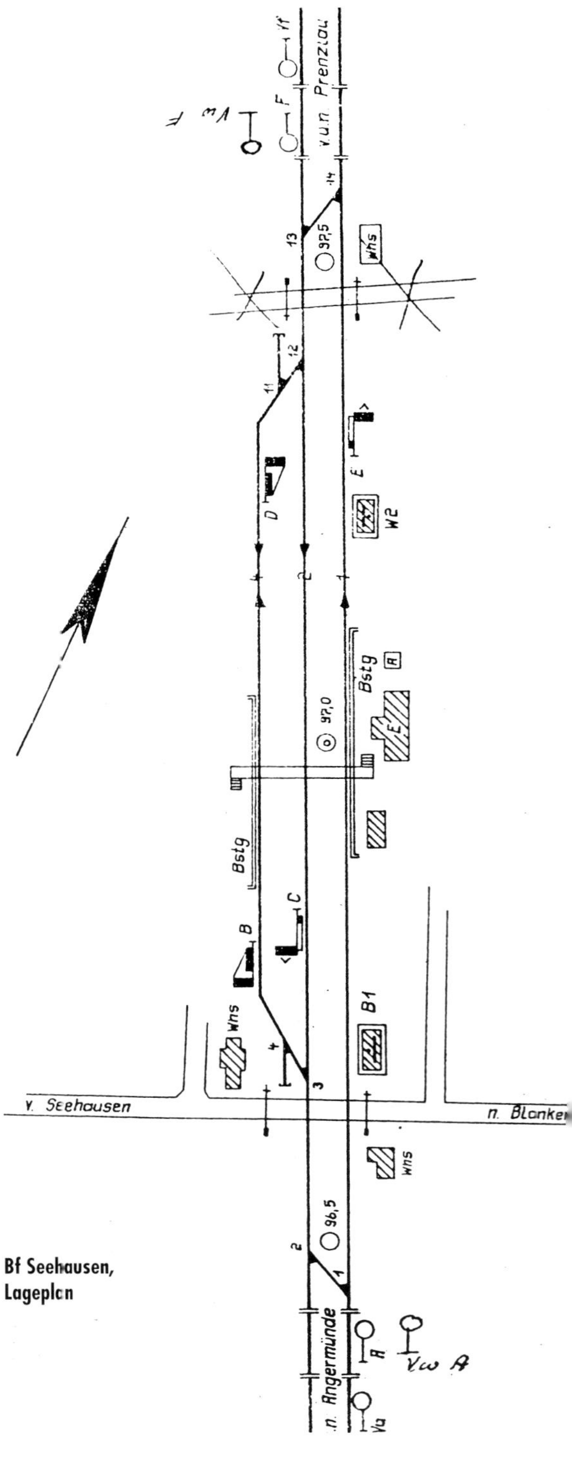

Bf Seehausen, Lageplan

Bf Prenzlau um 1914.
Sammlung V. Thielemann

Der Prenzlauer Kreisbahnhof um 1906.
Sammlung V. Thielemann

Prenzlau (Löwenberg–Templin–Prenzlau) als einen seiner Endpunkte. Damit begann hier um die Jahrhundertwende die Bildung eines Eisenbahnknotens.

1872 nahm in Prenzlau eine Zuckerfabrik ihre Arbeit auf. Größere Produktionssteigerungen machten eine Verbesserung der Transportwege für die Zuckerrüben erforderlich.

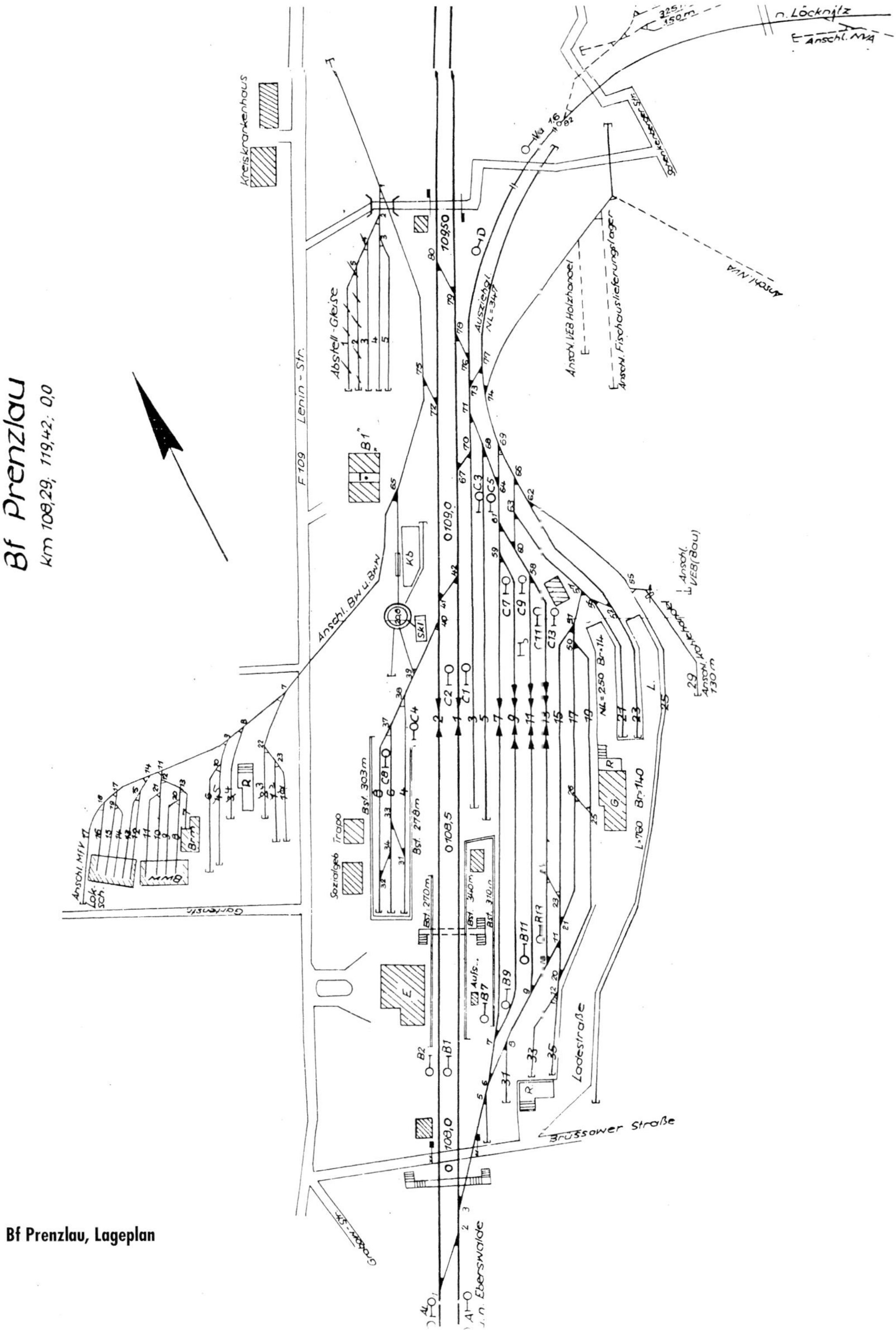

Bf Prenzlau
km 108,29; 119,42; 0,0

Bf Prenzlau, Lageplan

Die Gründung einer Prenzlauer Kreisbahn sollte dies bewirken. Mit den finanziellen Mitteln vom preußischen Staat, dem Land Brandenburg und dem Kreis Prenzlau erbaute die Gesellschaft die Strecken. Am 02. Dezember 1902 gingen sie mit einer Gesamtlänge von 83 km und in Normalspur in Betrieb:
- Prenzlau–Brüssow–Löcknitz
- Prenzlau–Dedelow–Strasburg
- Prenzlau–Dedelow–Fürstenwerder.

Auf dem Teilstück Löcknitz-Brüssow verkehrten bereits seit 1898 unter Regie der »Uckermärkischen Lokalbahn AG« Züge. 1902 wurde dieser Abschnitt von der Prenzlauer Kreisbahn übernommen. Die Kreise Angermünde und Prenzlau erbauten die Bahn Damme–Schönermark (25,1 km) und übergaben sie am 06. Februar 1906 ihrer Bestimmung. Den Betrieb auf dieser normalspurigen Strecke führte ebenfalls die Prenzlauer Kreisbahn.

Als letzter Abschnitt wurde am 04. Januar 1916 Prenzlau–Klockow mit einer Länge von 15 km in das Netz der Kleinbahn eingegliedert. In Klockow gab es eine Verbindung zur Schmalspurstrecke nach Pasewalk Ost.

So erschlossen rechts und links der Staatsbahn die Gleise der Prenzlauer Kreisbahn mit 123 km Gesamtlänge diesen Teil der Uckermark. Schwerpunkt des Eisenbahnverkehrs war die Abfuhr der landwirtschaftlichen Produkte. Die größeren Bahnhöfe wie Strasburg, Brüssow, Löcknitz, Damme, Gramzow und insbesondere Prenzlau besaßen dazu die notwendigen verkehrlichen und betrieblichen Möglichkeiten. Die Bauten des Prenzlauer Kreisbahnhofs lagen direkt an der Staatsbahn auf der Westseite, wo sich auch die Übergabegleise befanden.

Der Hauptbahnhof wurde dem größeren Verkehrsaufkommen während des zweigleisigen Ausbaus und Anfang der 20er Jahre durch Verlängerung der Güterzuggleise und Erweiterung der Rangieranlagen angepaßt.

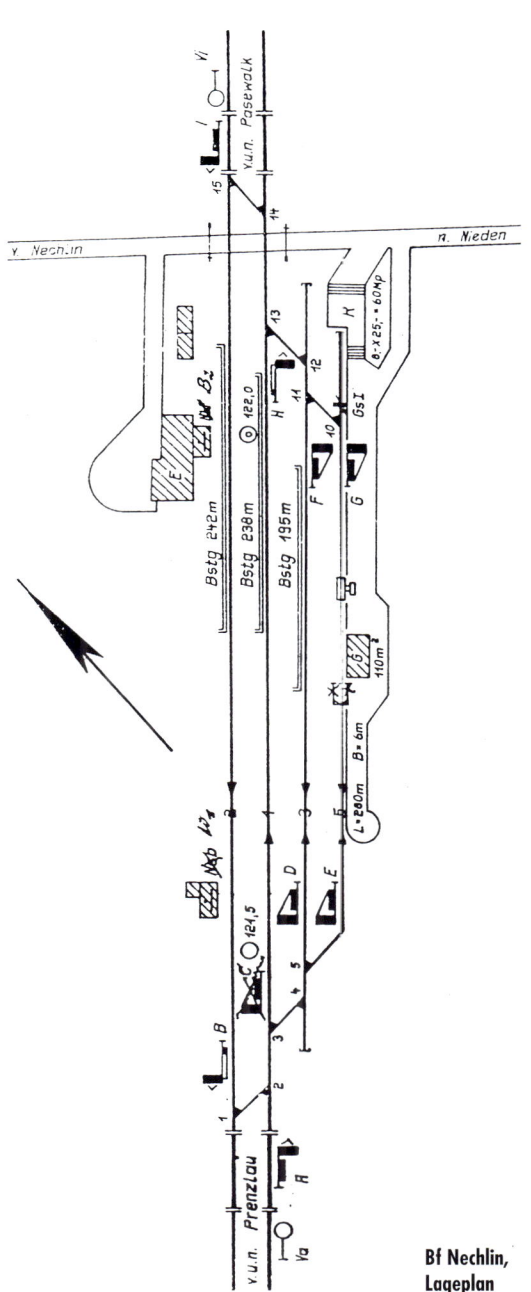

Bf Nechlin, Lageplan

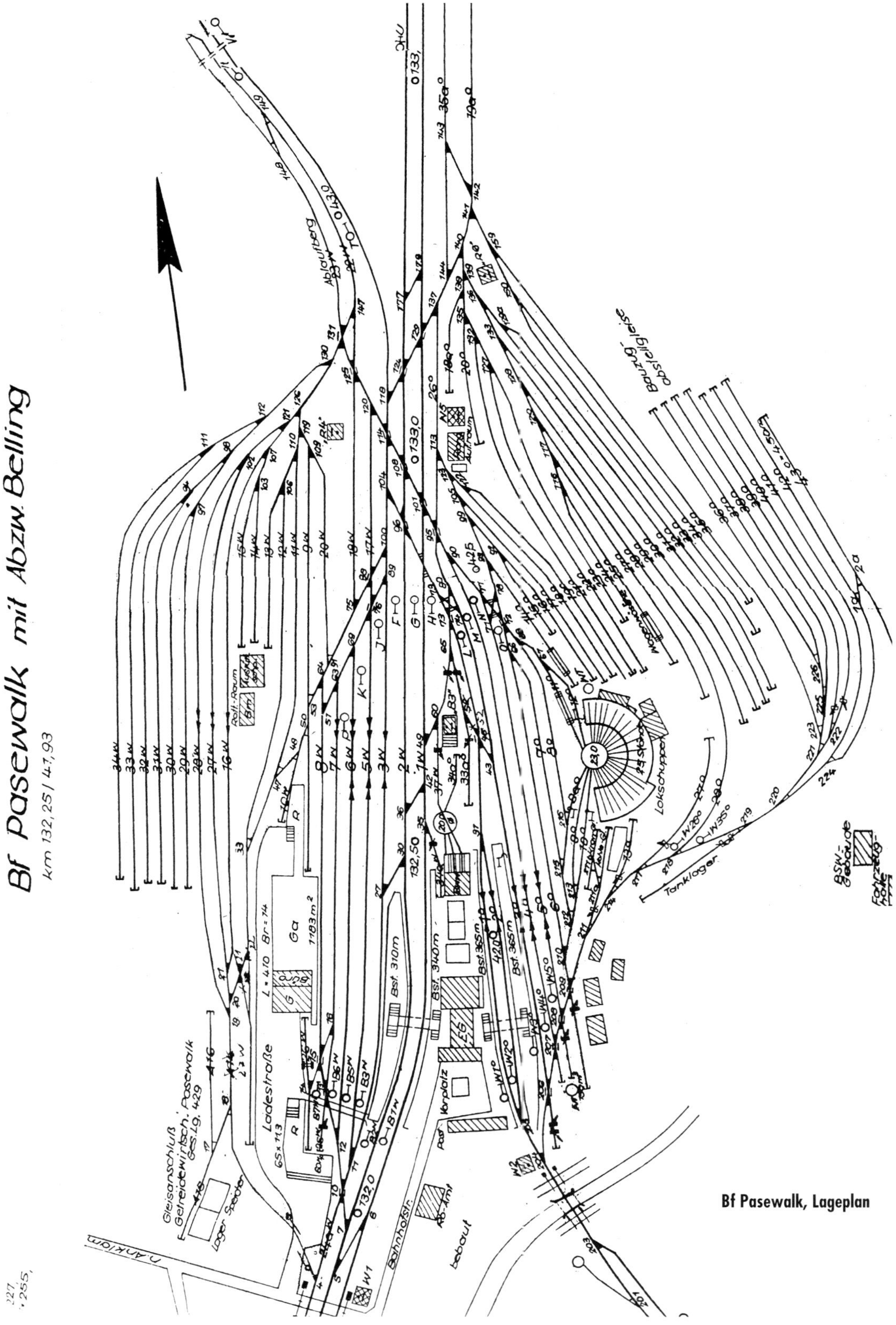

Bf Pasewalk mit Abzw. Belling

km 132,25 / 47,93

Bf Pasewalk, Lageplan

Bf Pasewalk, Westseite.

Bahnhof Pasewalk

Aus dem Kapitel über den Bau der Vorpommerschen Bahn wissen wir schon, daß Pasewalk von Beginn an ein Eisenbahnknoten war.

1865 erteilte der König die Konzession für eine weitere Bahnlinie ab Pasewalk. Er unterschrieb am 25. Mai in Berlin:

»Nachdem die Berlin=Stettiner Eisenbahn=Gesellschaft in der Generalversammlung ihrer Aktionäre vom 15. Mai 1865 die Anlage einer Eisenbahn von Pasewalk über Straßburg zur Landesgrenze beschlossen hat, wollen Wir hierdurch zu der Anlage dieser Bahn Unsere landesherrliche Genehmigung ertheilen und den anliegenden, auf Grund der Beschlüsse der General=Versammlung ausgefertigten Nachtrag zu den Statuten der Berlin=Stettiner Eisenbahn=Gesellschaft hiermit bestätigen«.

Im Nachtrag zum Statut wird u.a. erwähnt, daß das Unternehmen der BSTE auf die Erbauung und den künftigen Betrieb einer Eisenbahn von der Station Pasewalk über Straßburg bis zur Preußisch-Mecklenburgischen Landesgrenze zum Anschluß an die Mecklenburger Friedrich-Franz-Bahn ausgedehnt wird. Die Kosten sollten 900 000 Taler betragen.

Am 01. Januar 1867 konnte die Verbindung von Neubrandenburg bis Pasewalk (51,8 km) eröffnet werden. Möglich wurde dies, weil die Mecklenburger ihr Teilstück bis zur Landesgrenze – 1865 beginnend – ebenfalls fertigstellten und sich endlich über den Transitzoll mit Preußen einigten. Da Neubrandenburg bereits 1864 seinen Eisenbahnanschluß aus Richtung Güstrow erhalten hatte, konnte der Reisende nun von Stettin über Schwerin bis nach Hamburg durchfahren.

Hervorgerufen durch den Streckenneubau erweiterte die BSTE die »Perronhallen« auf dem Bf Pasewalk, ergänzte 1869 die Lokbehandlungsanlagen und vergrößerte den Güterschuppen /4/. Auf Grund seiner exponierten Lage im Streckennetz wurde Pasewalk zu einem leistungsfähigen Umstellbahnhof der Rbd Stettin ausgebaut. Betrieblich von Nachteil erwies sich jedoch stets der durch die Ost- und Westseite bedingte »Eckverkehr«. Der Ringschuppen für die Lokomotiven auf der Ostseite wurde 1893 errichtet.

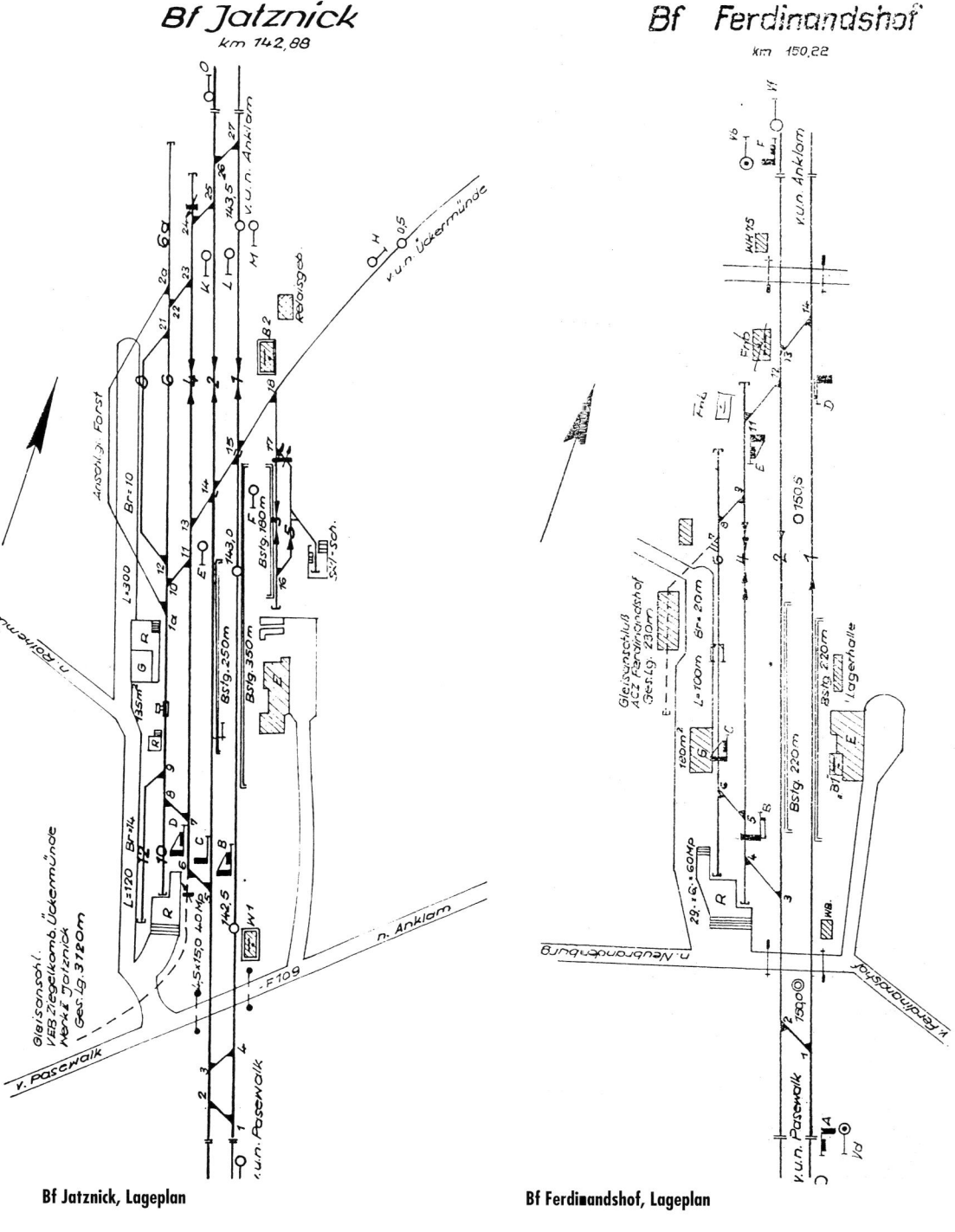

Bf Jatznick, Lageplan **Bf Ferdinandshof, Lageplan**

Bahnhof Jatznick

Der Bf Jatznick ist Ausgangspunkt einer Strecke nach Ueckermünde über Torgelow. 1882 beschloß der Preußische Landtag den Bau der Nebenbahn, und am 15. September 1884 konnte sie in ihrer gesamten Länge von 19,4 km eröffnet werden. Der 1863 mit der Vorpommerschen Bahn in Betrieb genommene Bf Jatznick erhielt einen separaten neuen Bahnhofsteil für die Verbindung nach Ueckermünde. Die Eisenbahn wirkte besonders positiv auf die Entwicklung der Eisengießereien in Torgelow. In Ueckermünde bestand ein Hafenanschluß.

Bahnhof Ducherow

Der Betrachter des Bf Ducherow kann noch heute erkennen, daß dieser einst bessere Zeiten erlebt hat. Fünf Bahnsteiggleise, zwei überdachte Inselbahnsteige und der Tunnel weisen auf einen umfangreichen Personenverkehr hin. Diese Anlagen – einschließlich Empfangsgebäude – werden kaum noch genutzt, einige Bauten wurden schon abgerissen, anderen droht der Verfall. Seine Blütezeit hatte Ducherow von der Inbetriebnahme der Bahnlinie nach Swinemünde am 15. Mai 1876 bis zur Einstellung des Verkehrs 1945.

Am 22. April 1872 faßte die Generalversammlung der Berlin-Stettiner Eisenbahngesellschaft den Beschluß, diese Strecke für 2,4

Traurige Aussichten für den Bf Ducherow.

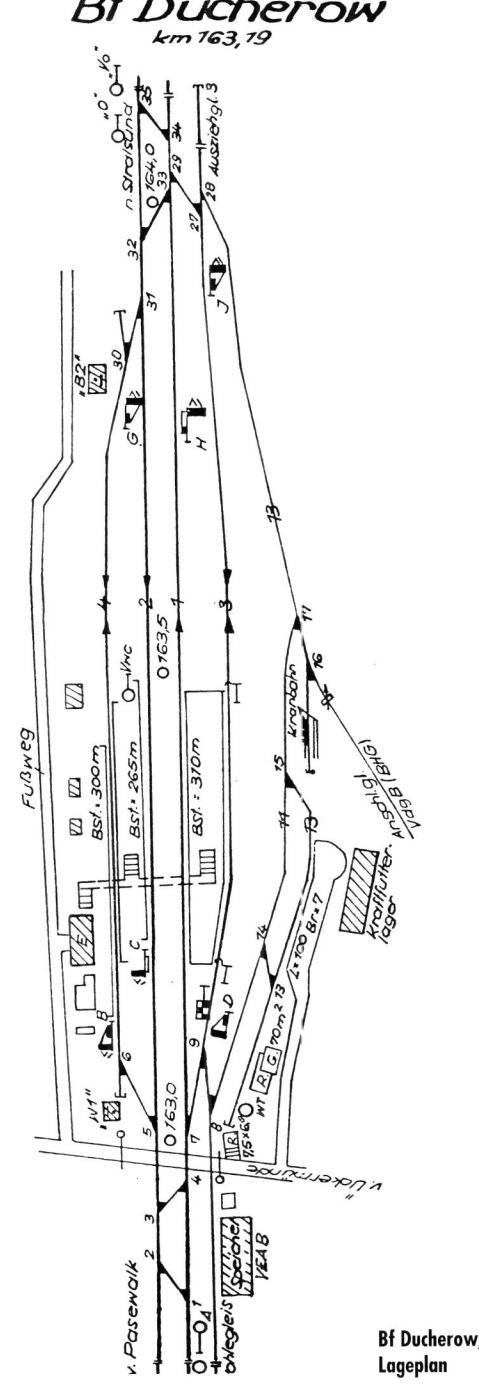

Bf Ducherow, Lageplan

Im Anklamer Hafen vereint – Schmalspur der MPSB und Normalspurgleise.

Millionen Taler zu erbauen. Der Preußische König erteilte am 11. Dezember des gleichen Jahres die Konzession.

Die 37,8 km lange Bahn förderte insbesondere den Bäderbetrieb auf der Insel Usedom, spielte aber auch in der Strategie des Militärs (Kriegshafen Swinemünde) eine Rolle. Weiter hieß es in der Begründung der BSTE:

» ... sowie endlich, um sich für den überseeischen Verkehr von dem Zufrieren des Haffs unabhängig zu machen, Swinemünde als Hafen von Stettin durch Bau einer Bahn von Swinemünde nach Ducherow an der Vorpommerschen Bahn mit in ihr Bahnnetz zu ziehen ... «.

1894 verband die Staatsbahn Swinemünde mit dem Seebad Heringsdorf, und 1911 baute sie eine Nebenbahn von dort bis Wolgaster Fähre. Schon 1908 wurde der zweigleisige Ausbau Ducherow-Heringsdorf abgeschlossen.

Bei Karnin mußte der 500 m breite Arm des Peenestroms überquert werden. Eine handbetriebene zweiarmige Drehbrücke kombiniert mit fünf stählernen Fachwerkbrücken (Stützweite 61,6 m, gesamter Brückenzug 360 m) und Dämme erfüllten diese Aufgabe. In den Jahren 1932-1934 wurde die Drehbrücke durch eine imposante Hubbrücke ersetzt. Sie hatte zwei Durchfahrten mit der lichten Weite von je 15,6 m. Mit seinen 33,0 m Höhe ist das funktionslose Hubgerüst heute als technisches Denkmal weithin sichtbar. Vor der Sprengung 1945 hatten die Bäderzüge Berlin–Swinemünde bzw. Seebad Heringsdorf diese Bauwerke passiert.

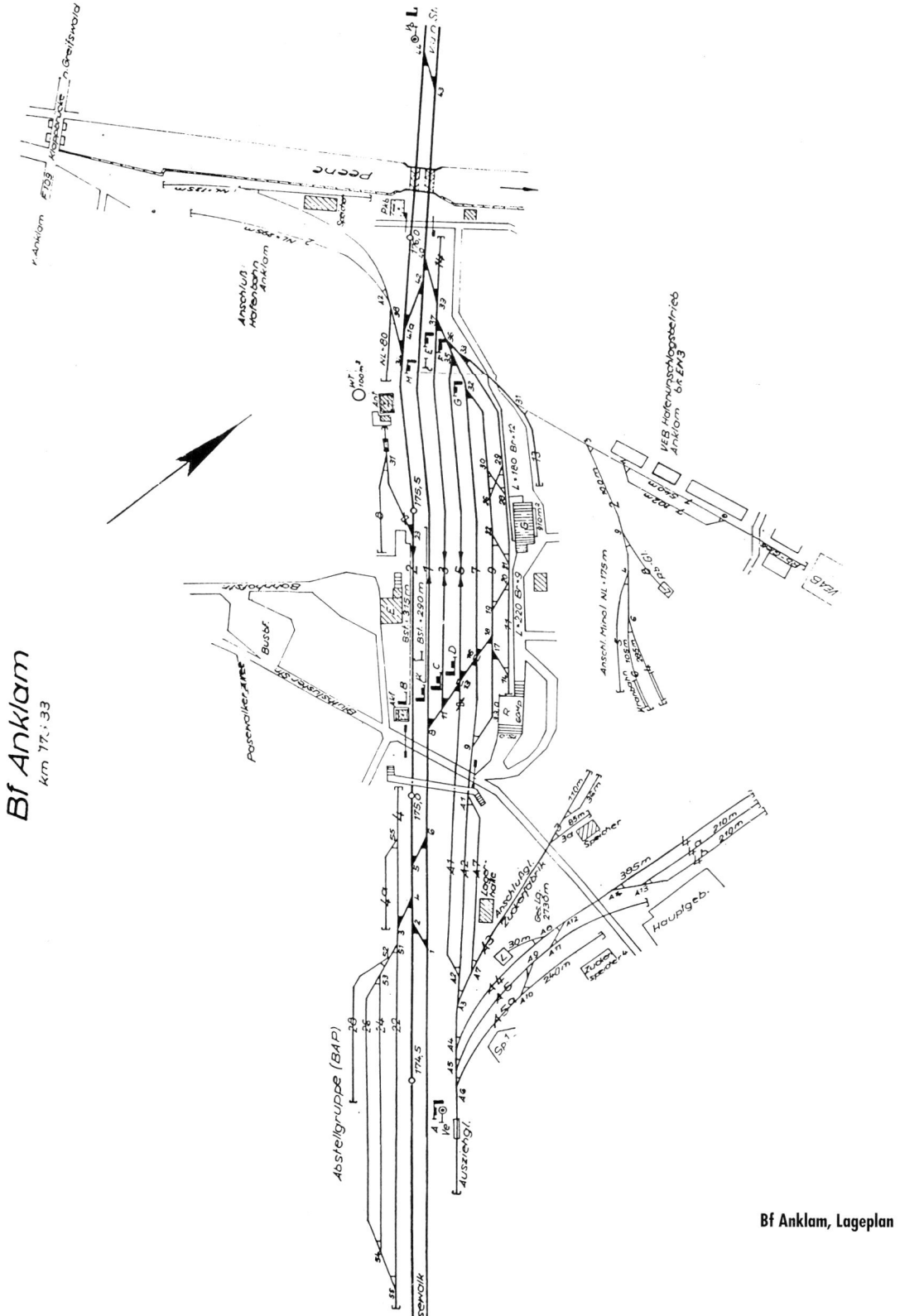

Bf Anklam, Lageplan

Bf Anklam mit den noch erhaltenen Formsignalen im Vordergrund.

Bahnhof Anklam

Bei der Entwicklung des Bahnhofs Anklam spielen mehrere Faktoren eine Rolle: der Hafen, die Zuckerfabrik und die Mecklenburg-Pommersche Schmalspurbahn (MPSB).

Die Hafentraditionen reichen bis in die Hansezeit zurück. Die Peene galt als sicherer Schiffahrtsweg in die Haffgewässer und die Ostsee. Der Hafen war schon zur Zeit der Segelschiffahrt für seegängige Wasserfahrzeuge nutzbar. 1859 liefen 3739 Schiffe den Anklamer Hafen an, 1869 verfügte die Stadt über 27 See- und 27 Flußschiffe. Anklam entwickelte sich in der Folgezeit zu einem leistungsfähigen Binnenhafen. Dazu trugen auch die vorhandenen Eisenbahnanschlüsse bei. Im März 1894 nahm die MPSB ihr Hafengleis in Betrieb, 1896 folgte die Kleinbahngesellschaft Anklam-Lassan AG. Letztere hatte damit Anschluß zur MPSB, Staatsbahn und Zuckerfabrik. Ab 1912 zweigt auch ein Hafengleis (km 175,9) von der Staatsbahn ab und führt zu den Speichern.

Die 1883 entstandene Anklamer Zuckerfabrik entwickelte sich in den ersten zehn Jahren ihres Betriebes zu einer der größten in Europa. Sie war außerordentlich an guten Transportwegen zur Heranführung der Zuckerrüben interessiert und unterstützte deshalb den Bau eines weitverzweigten Schmalspurnetzes in ihrem Einzugsgebiet.

1892 wurde die Mecklenburg-Pommersche Schmalspurbahn AG (Spurweite 600 mm) gegründet, die im Jahre 1928 über ein Streckennetz von 213,9 km verfügte /24/. In Ferdinandshof und Anklam bestand mit umfangreichen Bahnhofsanlagen Anschluß an die Hauptstrecke Berlin–Angermünde–Stralsund. Der größte und wichtigste Bahnhof der MPSB befand sich in Friedland. Ducherow wurde ebenfalls berührt, es gab jedoch keinen Anschluß zur Staatsbahn.

Die Peenebrücke bei Anklam

Im Rahmen des zweigleisigen Ausbaus der Strecke Angermünde–Stralsund wechselte die KED Stettin 1907/1908 die Drehbrücke gegen zwei neue Rollklappbrücken aus (Stützweite 14,7 m). Die alte Fachwerkbogenbrücke mußte ebenfalls einer neuen weichen. Am 01. Juni 1908 wurden zwei eingleisige Überbauten – gefertigt von der Firma Eilers in Hannover-Herrenhausen – in Betrieb genommen (Stützweite 32,0 m). Die DR verstärkte 1925 den gesamten Überbau. 1937 begann ein grundlegender Umbau der Peenebrücke. Anstelle der alten Klappbrücke mit den tiefgelegenen Rollbahnen und dem unterflur angeordneten Gegengewichten wählte die Rbd Stettin nun Rollklappbrücken mit Rollbahnen etwa in Gleishöhe und mit hochgela-

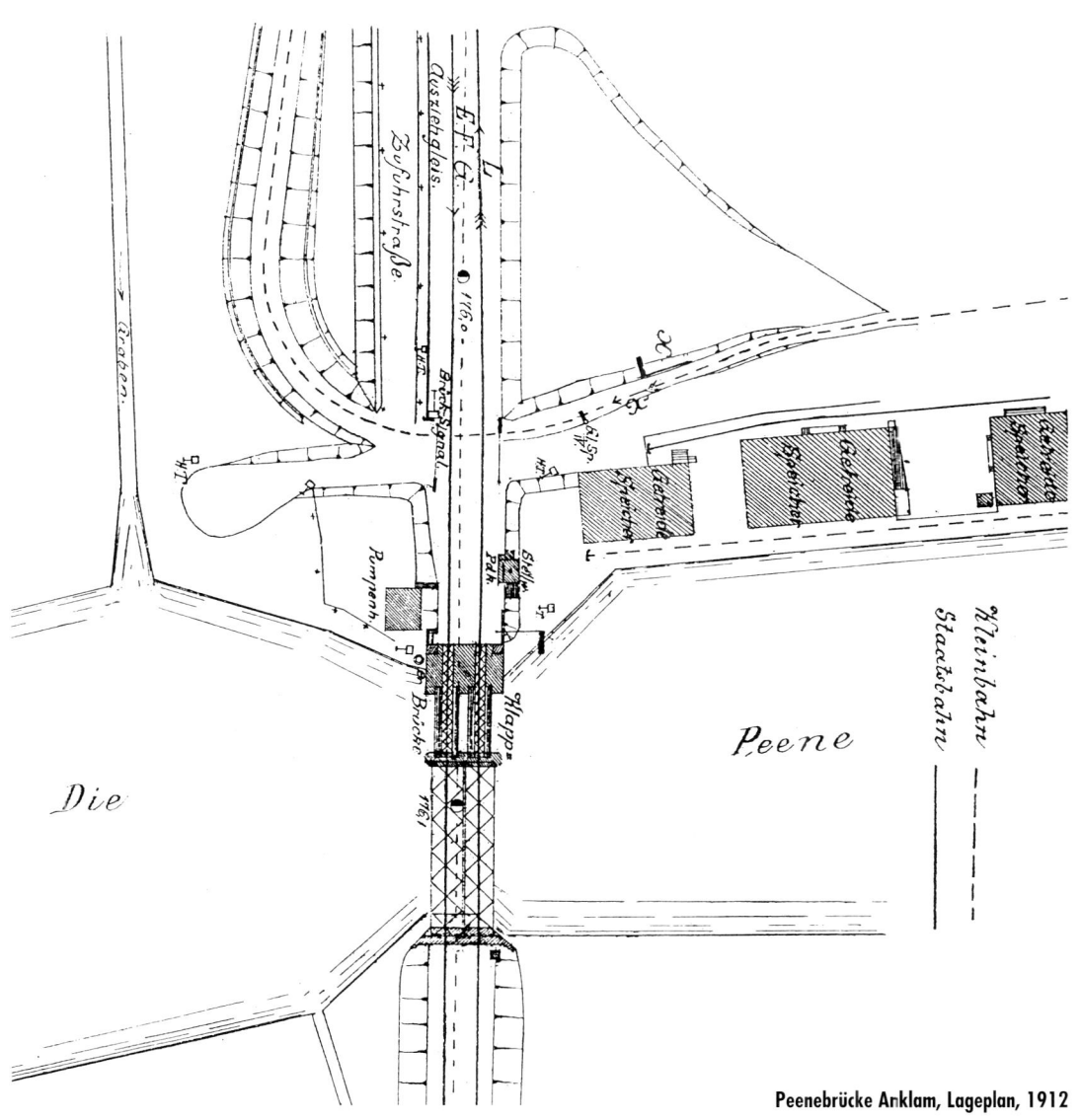

Peenebrücke Anklam, Lageplan, 1912

gertem Gewichtsklotz /22/. Lieferant war die Krupp Grusonwerk AG Magdeburg-Buckau. Kriegseinwirkungen und der Abbau des zweiten Gleises beließen nach 1945 nur noch den Brückenzug der Richtung Stralsund–Berlin. Erst 1980 wurde für das östliche Streckengleis eine Vollwandträgerbrücke eingebaut und so-

mit die vollständige Zweigleisigkeit zwischen Anklam und Klein Bünzow wiederhergestellt. 1981 erhielt auch der westliche Brückenzug eine Vollwandträgerbrücke. Schließlich sei noch erwähnt, daß 1988 im Rahmen der Elektrifizierung der Strecke für den Bereich der Klappbrücken die Fahrleitung mit einer Son-

Bf Klein Bünzow
km 184,48

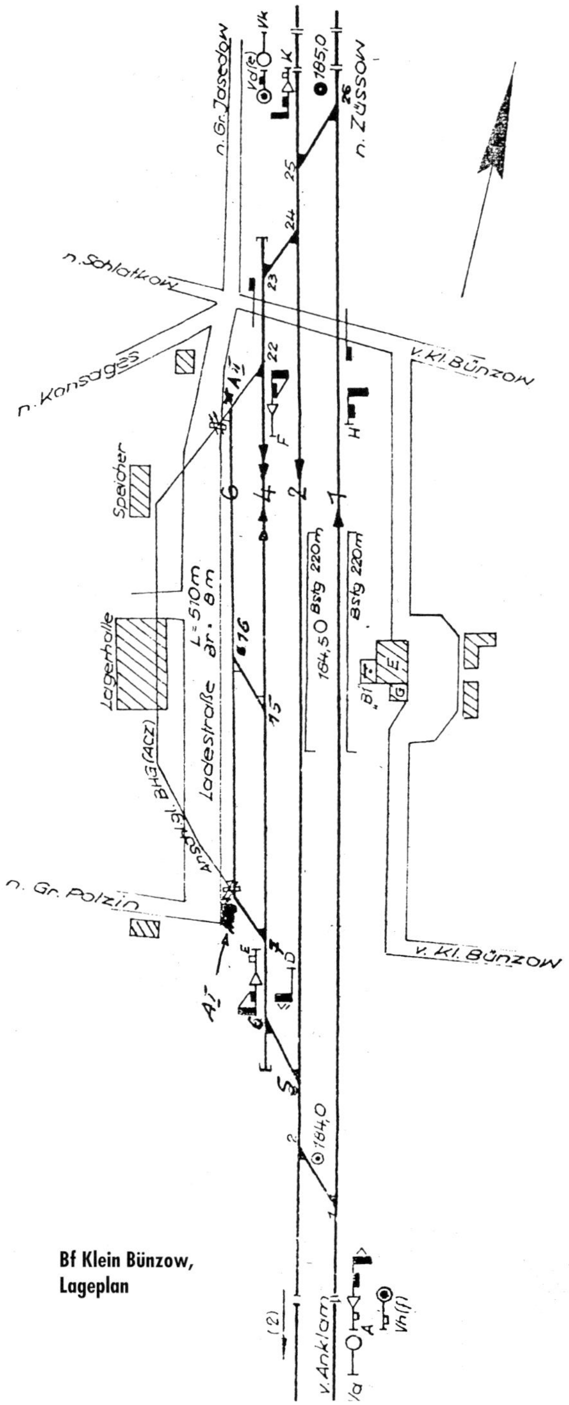

Bf Klein Bünzow, Lageplan

Bf Züssow
km 191,9

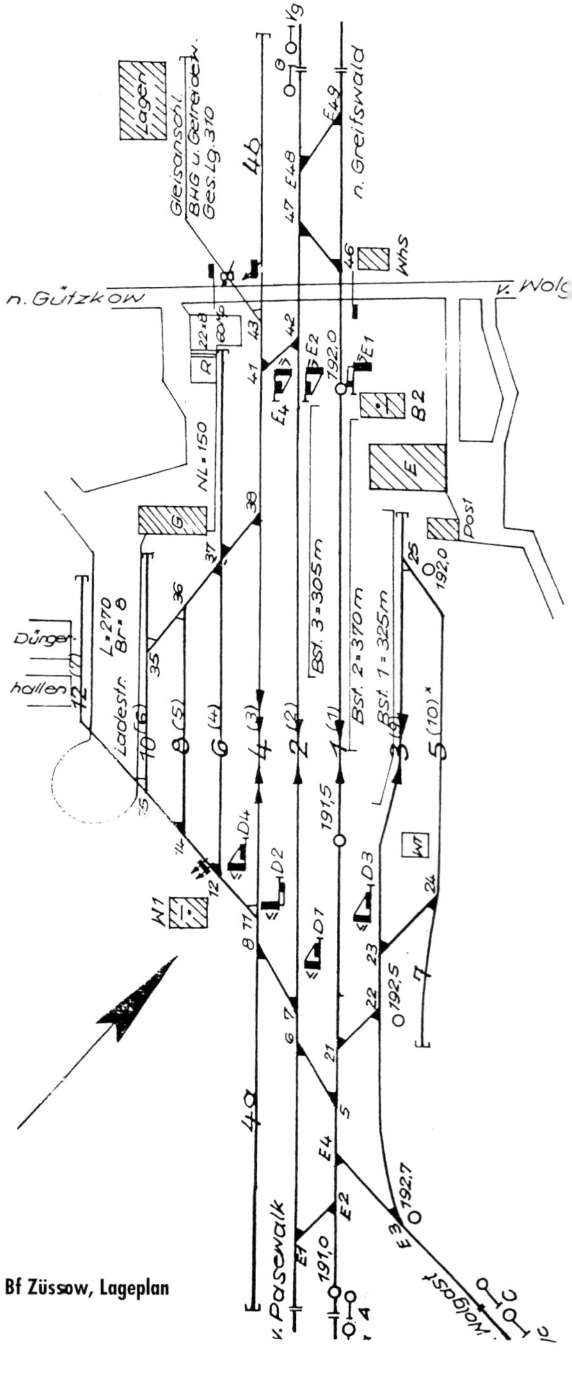

Bf Züssow, Lageplan

Klappbrücke über die Peene bei Anklam, 1996.

derkonstruktion ausgestattet werden mußte. Hydraulisch bewegte Schwenkarme können die starren Fahrleitungsschienen um 70 Grad zur Seite ausdrehen, damit die abrollenden Brückenklappen nicht mit ihnen in Berührung kommen.

Die Klappbrücken sind heute in der Grundstellung geschlossen und werden für die Schiffahrt nur zu den bekannten Brückenöffnungszeiten geöffnet. In der Dienstvorschrift der Königlichen Eisenbahndirektion Stettin vom 01. März 1912 hieß es aber noch:

»Die Brücke wird bei Tage und bei Nacht für die Schiffahrt geöffnet gehalten, soweit nicht der Eisenbahnbetrieb ihre Schließung erfordert«.

Die Brücken und Signale werden von einem speziellen Stellwerk (Pkb) bedient und bewacht.

Bahnhof Greifswald

Die normalspurige Privatbahn von Greifswald über Grimmen nach Tribsees (1896), die Schmalspurbahnen über Gützkow nach Jarmen (1897) und über Lubmin nach Wolgast (1898) erhoben die Stadt zum Eisenbahnknoten. Die Zahl der Reisenden stieg beachtlich. Dies hatte einen Umbau des Empfangsgebäudes im Jahre 1899 und einen Anbau am Nordostgiebel zehn Jahre später zur Folge. Die betrieblichen Anlagen des Bahnhofs mußten durch die Einführung der Strecke aus

Bf Lubmin-Seebad (KGW).

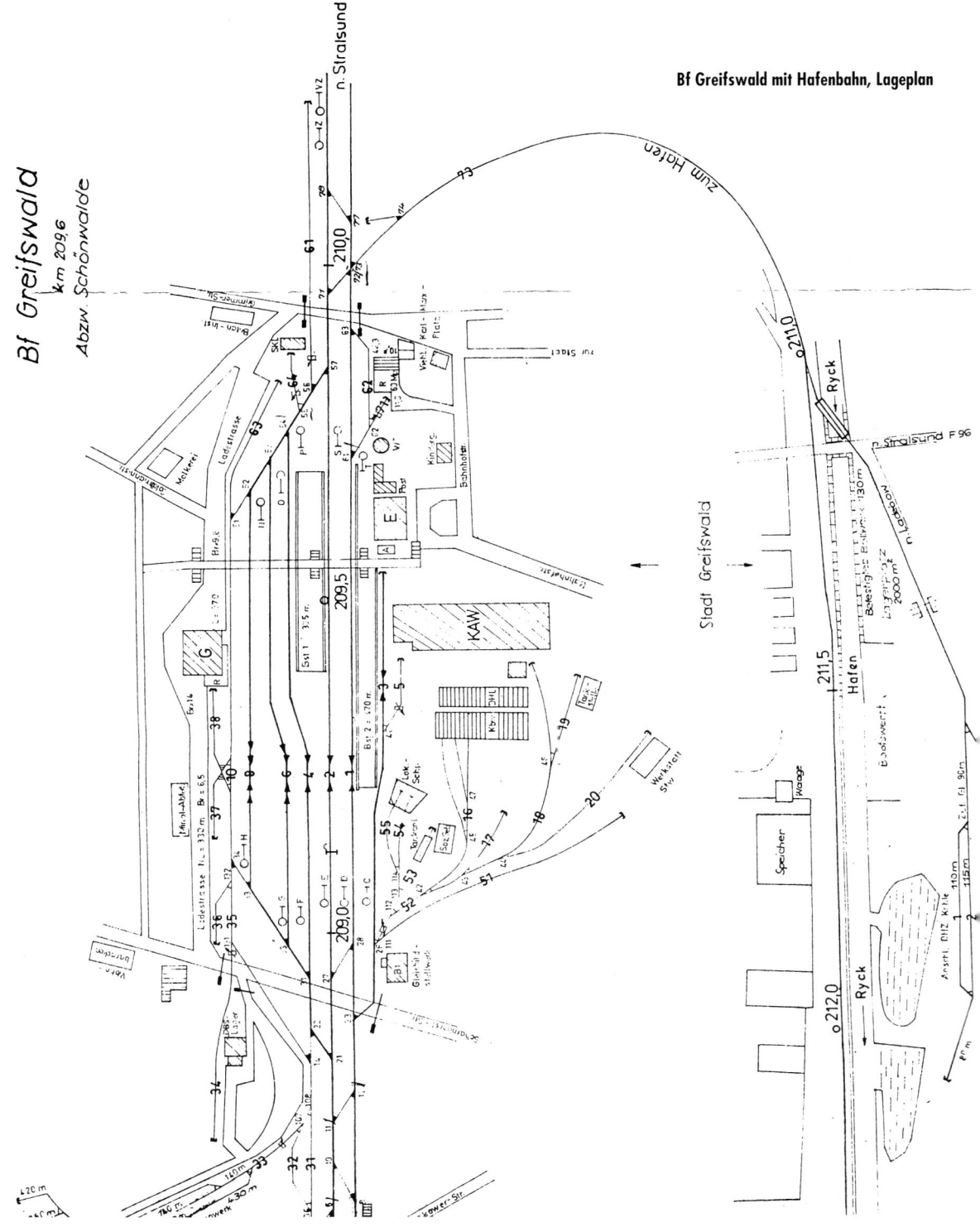

**Bf Lubmin-Seebad
– Bahnhofswirtschaft.**

Empfangsgebäude Greifswald, 1928

Grimmen besonders im nördlichen Bereich umgestaltet werden. Westlich der Staatsbahngleise entstanden umfangreiche Bahnanlagen für die Schmalspurbahnen - der Kleinbahnhof mit entsprechenden Umladegleisen.

Die 50,5 km lange Greifswald-Grimmener Eisenbahn (GGE) hatte ihren »Hauptbahnhof« in Grimmen-Schützenplatz. In Greifswald und Grimmen fand sie Anschluß an die Hauptbahn und in Tribsees an die Linien nach Ro-

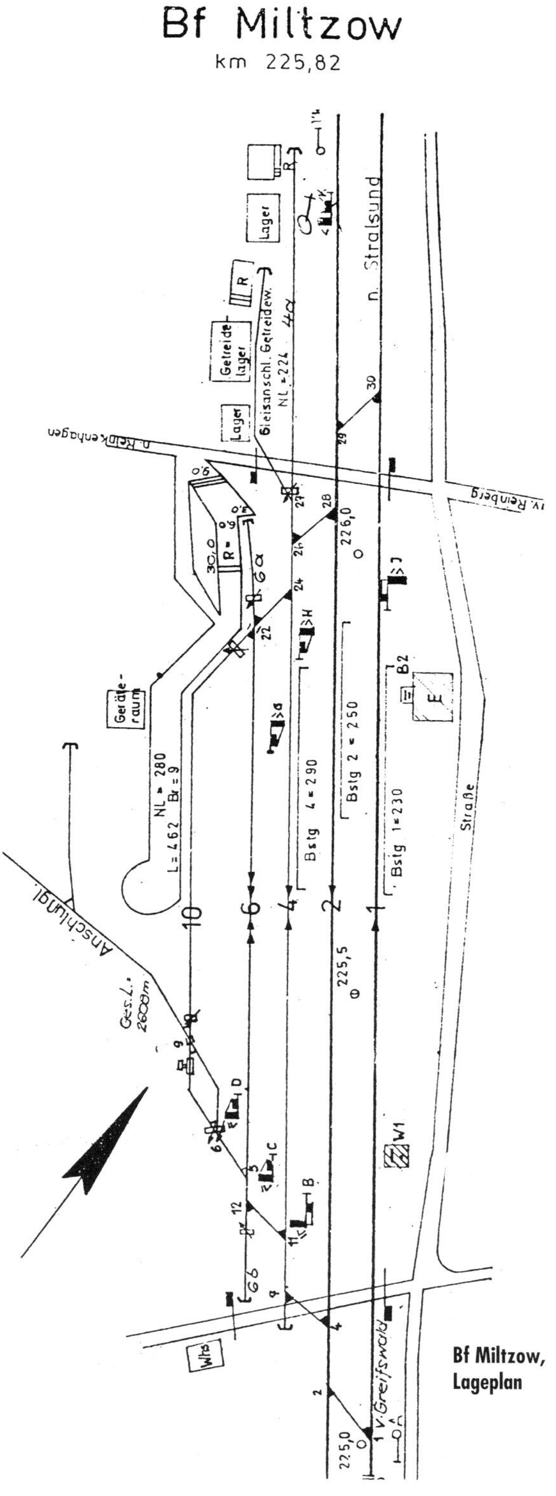

Bf Miltzow
km 225,82

Bf Miltzow, Lageplan

stock, Velgast und Barth, später auch über Franzburg nach Stralsund. Die wesentliche Aufgabe der GGE lag im Gütertransport bei der Abfuhr von landwirtschaftlichen Produkten.

Diesem Zweck dienten auch die Greifswald-Jarmener Kleinbahn (GJK) und die Kleinbahn Greifswald-Wolgast (KGW). Beide hatten eine Spurweite von 750 mm. Die GJK versorgte z.B. die 1896 erbaute Jarmener Zuckerfabrik und transportierte in größeren Mengen Kartoffeln und Getreide. Die KGW beförderte neben anderen landwirtschaftlichen Produkten ebenfalls Zuckerrüben nach Jarmen. Der Umschlag im Wolgaster Hafen war meist geringfügig.

Sie hatte jedoch einige Bedeutung im Personenverkehr durch den Bäderbetrieb in Lubmin. Die Streckenlängen betrugen GJK - 53,2 km und KGW – 58,3 km. Durch die Stichbahn Dargezin–Züssow besaß die GJK eine weitere Umlademöglichkeit zur Staatsbahn.

Das zweite Streckengleis brachte auch für den Bahnhof in Greifswald Erweiterungen der Gleis- und Sicherungsanlagen. 1911 wurde parallel zur Ausfahrt in Richtung Stralsund ein 400 m langes Ausziehgleis zur Verbesserung der Rangierarbeiten errichtet.

Im Rahmen des Aufbaus militärischer Objekte in der Hansestadt legte die Bahn 1937 die sogenannte Militärrampe östlich der Einfahrt aus Richtung Berlin an. Mitte der 30er Jahre entstand in Ladebow ein Fliegerhorst der Wehrmacht und die Garnison eines Lehrgeschwaders. Beginnend mit dem Jahre 1934 baute die DR von der Greifswalder Hafenbahn abzweigend ein Anschlußgleis dorthin. Die Inbetriebnahme erfolgte im Januar 1935. Das Gleis zum Flugplatz am Bodden hatte eine Länge von 4,7 km. Nach der Sprengung der Anlagen 1945 wurde 1968-1972 der Anschluß für die Marine wieder aufgebaut. Nach Einstellung der militärischen Nutzung 1992 dienen die Anschlußanlagen heute als Stadthafen für Greifswald.

Konstruktionszeichnung der Ryckbrücke, 1925

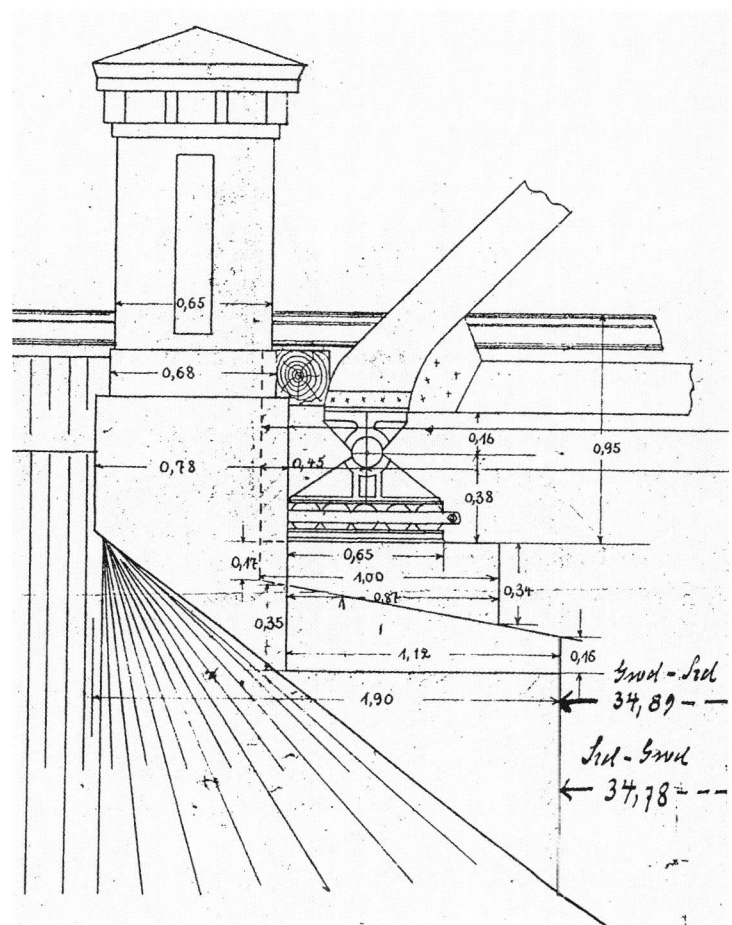

Die Ryckbrücke bei Wackerow

Die 1863 erbaute eingleisige Ryckbrücke fiel schon 1872 einer Sturmflut zum Opfer. Die Interimsbrücke wurde 1876 durch einen schweißeisernen Überbau ersetzt. Die Greifswald-Grimmener Eisenbahn nutzte ab 1896 das vorhandene zweite Widerlager für ihre eiserne Brücke.

Mit dem zweigleisigen Ausbau der Hauptstrecke übernahm die Staatsbahn 1907 die gesamte Ryckgrabenbrücke in ihr Eigentum. Die GGE nutzte sie fortan mit. Nach mehreren Verstärkungen erneuerte die Deutsche Reichsbahn die Brücken im Jahre 1926. Durch die Oberschlesische Bamag Meguin AG wurden zwei neue Überbauten aus hochwertigem Baustahl geliefert. Mit der Vergrößerung der Stützweite von 36,5 auf 38,0 Meter erreichte man eine günstigere Belastung und Beanspruchung der Widerlager, die auf Brunnen gegründet sind. Die Berechnung der Achslast erfolgte jetzt für 25 t.

Nach dem Abbau des 2. Gleises erhielt die Rbd Dresden 1951 den Überbau I b (Angermünde–Stralsund). Der Wiederaufbau des Gleises brachte am 21. Dezember 1977 die Inbetriebnahme eines neuen Fachwerkträgers I b – gefertigt und montiert vom Stahlbau Dessau.

Bahnhof Stralsund

Der Endpunkt der Vorpommerschen Eisenbahn der Bf Stralsund entwickelte sich in den Jahren nach der Inbetriebnahme zu einem bedeutenden Eisenbahnknoten. Hier befand sich das wirtschaftliche und gesellschaftliche Zentrum Vorpommerns. Folgende Eisenbahnlinien nahmen nach 1863 den Betrieb auf:
- Berlin–Neubrandenburg–Stralsund (222,6 km) am 01. Januar 1878 (Nordbahn)
- Altefähr–Bergen (23,0 km) am 01. Juli 1883, einschließlich Eisenbahnfährverkehr über den Strelasund

Empfangsgebäude Bf Stralsund, 1906.

- Stralsund–Rostock (72,3 km) am 01. Juni 1889
- Stralsund–Tribsees (34,0 km) am 01. Juni 1901 (Eisenbahn AG Stralsund-Tribsees)
- Schmalspurbahn (1000 mm) Stralsund–Barth–Ribnitz-Dammgarten Ost (57,8 km) sowie
- Altenpleen–Klausdorf (9,4 km) am 04. Mai 1895 (AG Franzburger Kreisbahnen)

Die Bahnhofsanlagen der Franzburger Kreisbahn befanden sich auf der Ostseite des Hauptbahnhofs, dort wo sich heute ein Bauzugabstellplatz befindet.

Die Insel Rügen war nicht nur durch die Hauptbahn von Altefähr nach Sassnitz erschlossen. Die Verbindung von Bergen zur fürstlichen Residenz nach Putbus (1889) und zum Seebad Lauterbach (1890) sowie mehrere Schmalspurbahnen ergänzten das Streckennetz. Die »Rügensche Kleinbahnen-Actiengesellschaft« unterhielt mehrere Linien von insgesamt 98 km Länge. Das »Eisenbahn-Bau- und Betriebsunternehmen Lenz und Co.

Stettin« errichtete sie in den Jahren 1895-1899 mit einer Spurweite von 750 mm.

Altefähr–Garz–Putbus und Bergen–Wittower Fähre–Altenkirchen erschlossen den West- bzw. Nordteil der Insel Rügen und dienten vorwiegend dem Transport von Kohle, Dünger und landwirtschaftlichen Erzeugnissen. Sie wurden in den 60er Jahren stillgelegt.

Die Verbindung Putbus–Göhren im Ostteil der Insel erhielt durch den um die Jahrhundertwende aufkommenden Bäderbetrieb eine besondere Bedeutung im Reiseverkehr. Sie blieb uns als »Rasender Roland« bis in die Gegenwart erhalten.

Mit den genannten in den Bf Stralsund einmündenden Strecken erhöhte sich natürlich das Personen- und Güteraufkommen beträchtlich. Durch die Verlängerung der Trasse Altefähr–Bergen bis Sassnitz 1891 und 1897 bis Sassnitz Hafen wurde Stralsunds Funktion

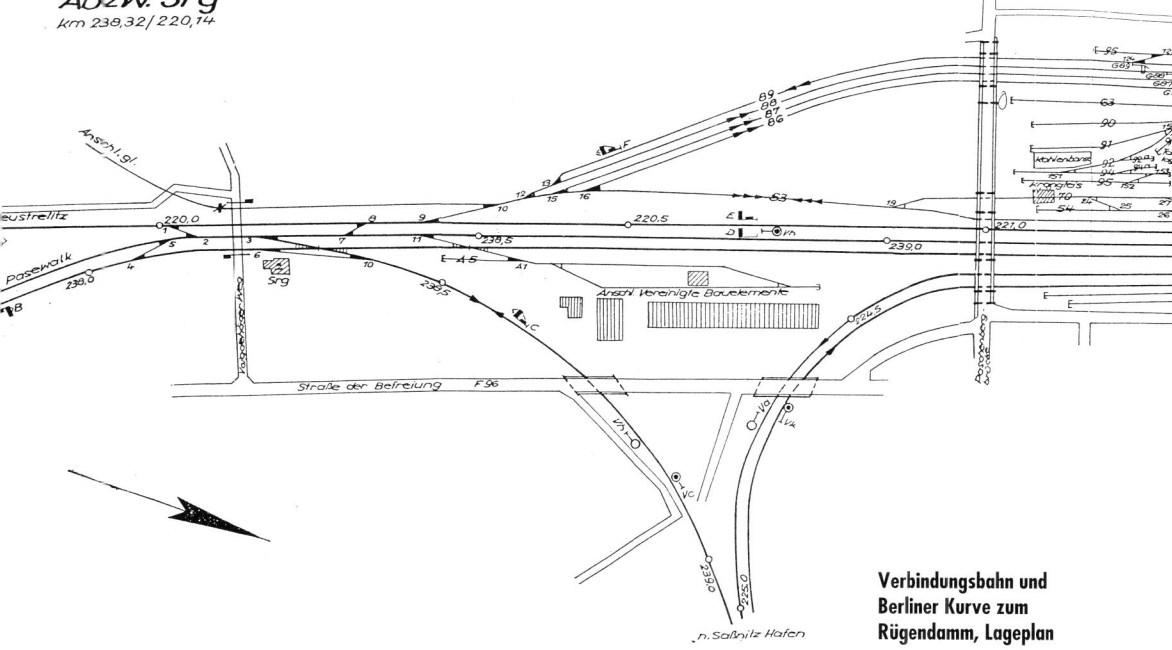

Verbindungsbahn und Berliner Kurve zum Rügendamm, Lageplan

als Transit- und Umstellbahnhof für den Verkehr mit Schweden noch erweitert. Nunmehr verkehrten Schnellzüge von Hamburg und Berlin zum Anschluß an die Postdampferlinie Sassnitz–Trelleborg. Ein umfangreicher Bahnhofsumbau war die unausweichliche Folge.

Der 1901 bestätigte Umbauplan für den Bf Stralsund enthielt u.a. folgende Maßnahmen:
- Bau eines neuen Empfangsgebäudes mit einem Querbahnsteig,
- Errichtung der Bahnsteige 1-4 auf der Ostseite für Personen- und Schnellzüge,
- Stellwerke an der Ausfahrt nach Rostock und am Ende des Bahnsteiges 3,
- Anbau an der Nordseite des Güterschuppens /3/.

Nach der Erweiterung der Bahnhofsanlagen im Rahmen des zweigleisigen Ausbaus 1907/1908 wurde 1915 ein Antrag zur Herstellung von sechs Aufstellgleisen und eines Ausziehgleises am Militärschuppen gestellt /3/.

Das neue Empfangsgebäude wurde in den Jahren 1903-1905 errichtet. Das hölzerne Gebäude aus dem Jahre 1863 war zwar mehrfach erweitert worden, genügte nun aber schon längst nicht mehr den gewachsenen Ansprüchen. Das belegt u.a. die gestiegene Zahl der ankommenden und abfahrenden Reisezüge:

1863   6 Züge/Tag
1901   60 Züge/Tag

Heute sind es über 240 Züge an einem Tage.

Im März 1905 wurde das neue, im neugotischen Stil erbaute Bahnhofsgebäude feierlich eingeweiht. Bauweise und Material – roter Backstein – waren dem Stadtimage angepaßt. Die geräumige Empfangshalle mit einem imposanten Wandgemälde von Kliefert ermöglicht den Reisenden einen bequemen Zugang zu den Service-Einrichtungen und den Zügen. Daneben sind in dem Bauwerk umfangreiche Diensträume zu finden.

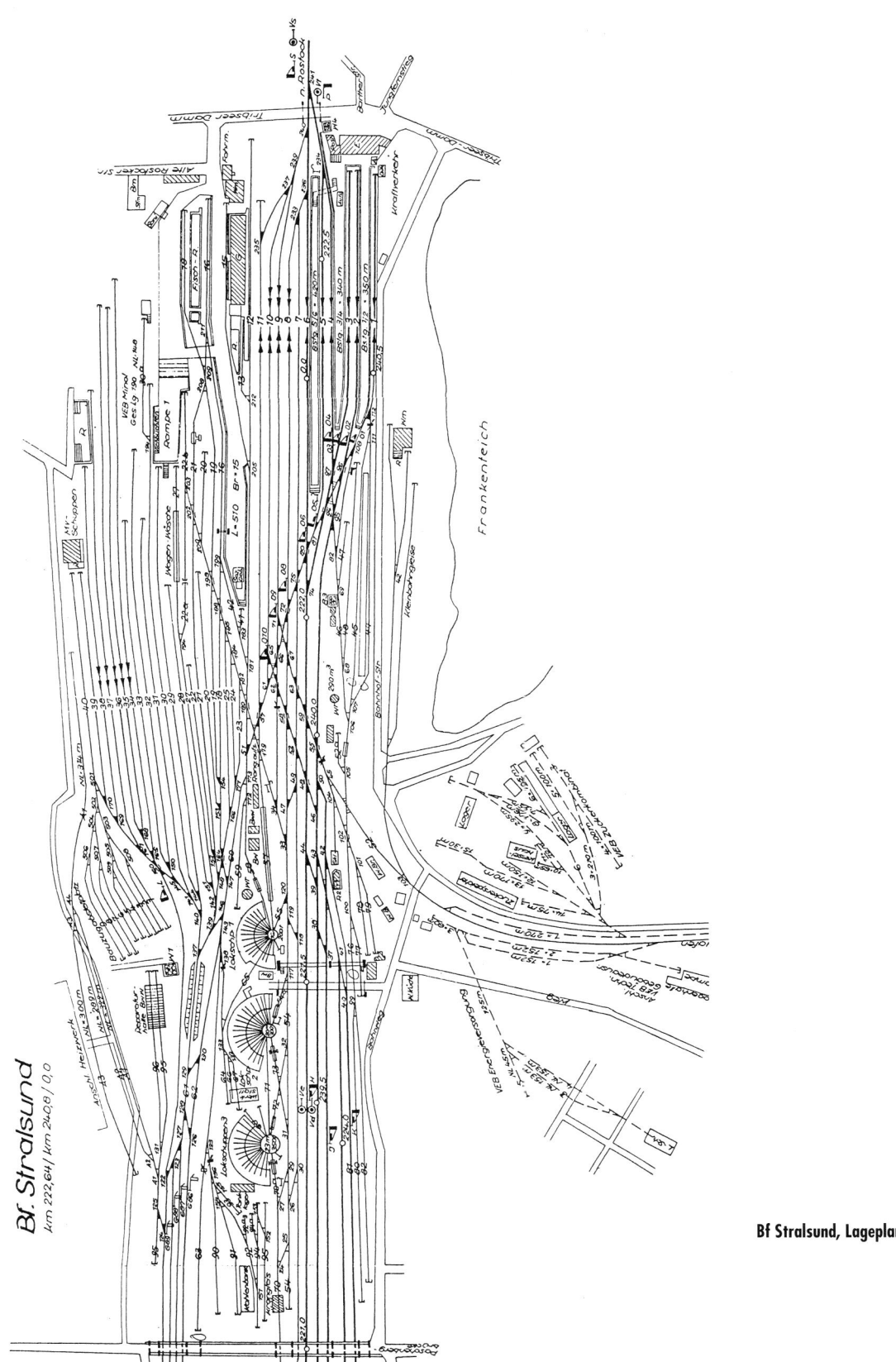

Bf Stralsund, Lageplan

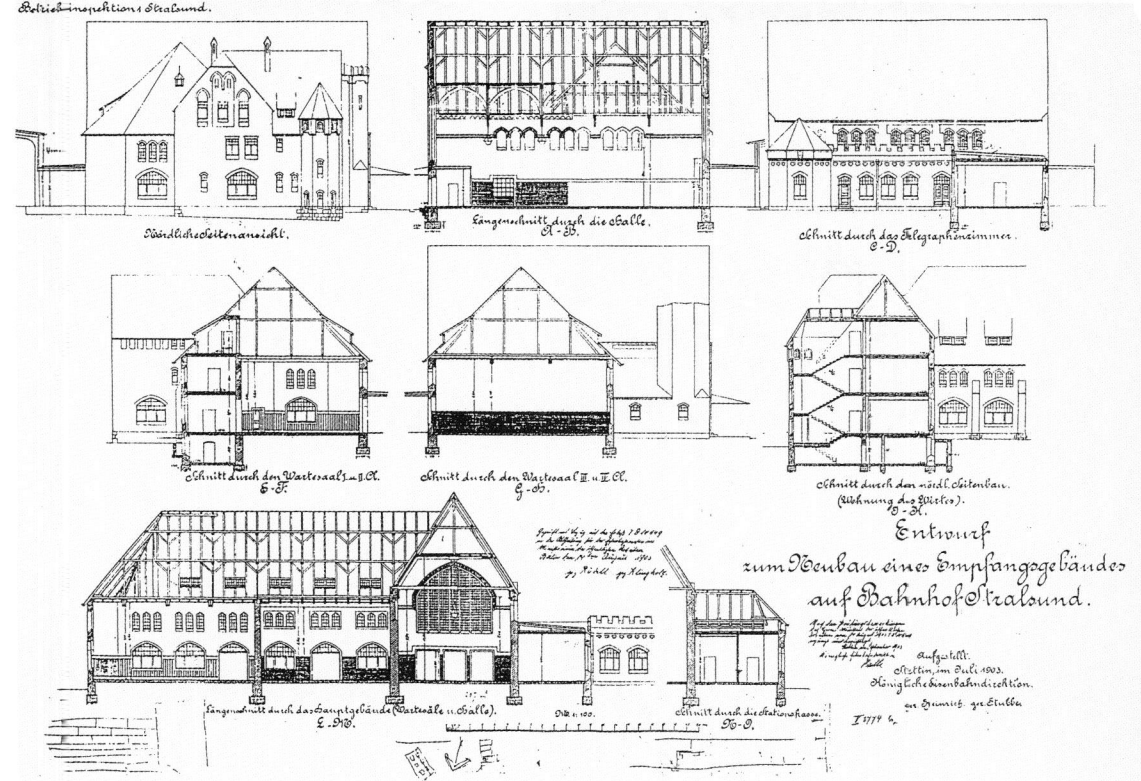

Bauzeichnungen neues Empfangsgebäude Stralsund, 1903

Der Stralsunder Bahnhof wurde zu einem würdigen Endpunkt der Magistrale Berlin–Stralsund und funktionell als Umsteigebahnhof gestaltet. In seiner Architektur hebt er sich aus der Monotonie der bisherigen Bahnhofsbauten auf dieser Strecke heraus.

Die Bahnsteiganlage ist zweigeteilt, für die Züge in Richtung Rostock gibt es ein Durchgangsgleis, die übrigen benutzen den Kopfbahnsteig. Insgesamt stehen sechs Bahnsteiggleise zur Verfügung.

Durch den Bau des Rügendammes 1936 ergab sich auch für den Bahnhof Stralsund eine erneute Umgestaltung, die hier nur kurz skizziert werden soll:
- Bau eines dreistöckigen Befehlsstellwerkes (elektrisches Stellwerk) südlich des vorhanden ,
- Verbindungsbahn Hauptbahnhof–Stralsund Rügendamm,
- Bahnhöfe Altefähr und Stralsund Rügendamm,
- Berliner Kurve für Züge von und nach Berlin über den Rügendamm ohne »Kopfmachen« im Hauptbahnhof,
- Erweiterung der Gleisanlagen des Güterbahnhofs.

In den Jahren 1932-1936 wurden durch die Deutsche Reichsbahn erhebliche Sanierungsmaßnahmen zur Erhöhung der Streckengeschwindigkeit durchgeführt. Dies hatte auf den von uns betrachteten Relationen folgende Auswirkungen:
- Berlin–Angermünde vor 100 auf 120 km/h,
- Angermünde–Ducherow von 100 auf 120 km/h,
- Ducherow–Stralsund von 100 auf 110 km/h,
- Stralsund–Rostock von 85 auf 100 km/h.

7

Reise- und Güterverkehr im Wandel der Zeit

7.1 Reiseverkehr

Mit der Aufnahme des Zugverkehrs zwischen Angermünde und Stralsund stellte die Fahrpost ihren Betrieb von Stralsund nach Anklam über Greifswald ein. Damit ging in dieser Relation die traditionsreiche Beförderung der Reisenden mit Personen- und Schnellposten zu Ende. Obwohl durch die Anlage von Chausseen in Vorpommern und in der Uckermark, die Verbesserung des Fuhrparks der Post sowie den Anschluß an die Eisenbahn 1843 in Passow an die Berlin-Stettiner Strecke wesentliche Verbesserungen erzielt worden waren, konnte die Post dem Konkurrenten natürlich kein Paroli bieten.

Vergleichen wir Post und Eisenbahn miteinander, ergibt sich für die Verbindung der Hafenstadt am Strelasund mit der Hauptstadt Preußens ein immenser Fahrzeitvorteil. Die Personenpost benötigte über 25 – die Schnellpost rund 20 Stunden. Mit der Eisenbahn waren es 1863 nur sieben Stunden. Dazu kam eine angemessene Bequemlichkeit und Sicherheit sowie ein weitaus günstigerer Preis. Bezahlte der Passagier pro Meile für die Personenpost noch sechs Silbergroschen – für die Schnellpost gar acht – so konnte er in der III. Klasse für etwa drei Sgr. den Eisenbahnzug benutzen. Damit war ein größerer Teil der Bevölkerung in der Lage, eine weite Reise an-

zutreten. Die gewachsene Mobilität wirkte sich wiederum fördernd auf Qualität und Quantität im Eisenbahnbetrieb aus.

Der Staat verpflichtete die Berlin-Stettiner Eisenbahngesellschaft, auf der neuen Zweigbahn zwei reine Personenzüge in jede Richtung verkehren zu lassen. Sie sollten an die Züge der Verbindung Berlin–Stettin in Angermünde angeschlossen werden. Besondere Züge auf der Strecke Berlin–Angermünde für den Verkehr der neuen Bahn waren nur für den Fall einzulegen, wenn sich eine Vereinigung mit den Interessen der Postverwaltung oder des Verkehrs der neuen Bahn nicht anders erreichen ließ.

Daran hielt sich die BSTE zunächst und führte täglich zwei Reisemöglichkeiten von Berlin nach Stralsund in jede Richtung mit ihrem ersten Fahrplan ein. Die Züge waren mit Wagen der I.-IV. Klasse versehen. Dazu gab es noch Züge zwischen einzelnen Stationen, gemischte Züge (Personen- und Güterwagen) sowie ein Güterzugpaar/Tag zwischen Berlin und Angermünde.

Nur wenige Jahre später setzte die Bahnverwaltung durchgehende Züge ein, um den Reisenden das Umsteigen bzw. das Einstellen der Wagen in die Stettiner Züge zu ersparen. Die Zahl der Benutzer der Bahn wuchs ständig – das verdeutlicht u.a. die Menge der verkauften Fahrkarten auf dem Bf Greifswald /26/

1881/1882	65 086 Stück
1884/1885	69 918 Stück
1891/1892	94 074 Stück
1894/1895	97 208 Stück.

Bereits mit der Inbetriebnahme der Strecke Ducherow–Swinemünde 1876 hatte sich die Zahl der Reisezüge – zumindest zwischen Berlin und Ducherow – wesentlich erhöht. Fünf Zugpaare enthielt z.B. der Fahrplan aus dem Jahre 1890 für diesen Abschnitt. Der Reisendenstrom zu den Modebädern der Insel Usedom machte dies erforderlich. 1896 verkehrten täglich vier Personenzugpaare zwischen

Bahnhofsgaststätte in Angermünde um 1920.

**Angenehmes Warten auf den Zug – die gepflegte Bahnhofsgaststätte in Angermünde um 1920.
Heimatmuseum Angermünde**

Berlin und Stralsund. Einen weiteren Aufschwung erlebte die Vorpommersche Eisenbahn mit der Eröffnung der Postdampferlinie Sassnitz–Trelleborg 1897. Von diesem Zeitpunkt an verkehrte der erste D-Zug. Lesen wir hierzu die Mitteilung der KPEV vom 09. März 1897:

»Für die mit dem 01. Mai ins Leben tretende direkte Verbindung zwischen Berlin und Stockholm über Angermünde–Pasewalk–Stralsund–Saßnitz Hafen–Trelleborg ist nun endgültig folgender Fahrplan vorgesehen: Stettiner Bahnhof Abfahrt 7.15 Abends, Saßnitz Hafen 1.05 Nachts, Dampferabfahrt 1.30,

Eintritt in den Bahnhof – Empfangsgebäude in Pasewalk.

Fahrplan Berlin–Greifswald–Stralsund, 1901

Abfahrbereit am Bahnsteig 5 in Stralsund.

Trelleborg Ankunft 5.45 früh, Abfahrt 6.05, Stockholm Ankunft 8.05 Abends (im Monat Mai 10.15), so daß also die Fahrt Berlin–Stockholm 25 Stunden und im Mai 27 Stunden dauert« /27/.

Der D-Zug hielt nur in Angermünde, Pasewalk, Greifswald und Stralsund, weil er eine hohe Reisegeschwindigkeit erhalten sollte. Mit diesem Zug konnte die Entfernung von Berlin bis Stralsund nun in knapp vier Stunden bewältigt werden.

Der in den Jahren 1904 bis 1908 realisierte zweigleisige Ausbau schuf die Möglichkeit, die wachsenden Zugzahlen aufzunehmen. Er war auch eine Voraussetzung für den Eisenbahnfährbetrieb zwischen Deutschland und Schweden ab 1909.

Nach dem Ersten Weltkrieg entwickelte sich der Reiseverkehr kontinuierlich weiter und blieb bis in die 30er Jahre auf hohem Niveau bestehen. Zur Bewältigung des Reisendenstroms mußte die Deutsche Reichsbahn die Zugfrequenz ständig erhöhen.

Der Bäderverkehr nach Usedom und Rügen, günstige Tarife und wachsende Mobilität der Bevölkerung trugen ihren Teil zu dieser Entwicklung bei.

Betrachten wir die Zugzahlen und Fahrzeiten des Sommerfahrplans 1939 vor dem Ausbruch des Zweiten Weltkrieges als Beispiel. Zwischen Berlin und Stralsund gab es nun acht Zugpaare. Mit dem günstigsten D-Zug erreichte der Reisende von der Hauptstadt aus die alte Hansestadt in drei Stunden und zehn Minuten.

Die Auswirkungen des Zweiten Weltkrieges mit den nachfolgenden Reparationsleistungen an Fahrzeugen und dem Abbau des zweiten Gleises auf der gesamten Strecke ließen naturgemäß den Personenverkehr schrumpfen. Die wenigen Reisezüge in den ersten Nachkriegsjahren fuhren unregelmäßig und waren meist stark überfüllt.

Doch die Verbesserung der wirtschaftlichen Lage, der Berufsverkehr und der zunehmende Ferienverkehr in Richtung Ostsee ließen in den 60er und 70er Jahren die Zugzahlen wieder deutlich anwachsen. 1970 waren die Abschnitte Pasewalk–Jatznick mit 56 und Anklam–Züssow mit 40 Reisezügen/Tag belegt, für 1975 erwartete die DR 66 bzw. 46 Reisezüge/Tag. Damit war – gemeinsam mit den Güterzügen – die Durchlaßfähigkeit der Strecke nahezu erschöpft.

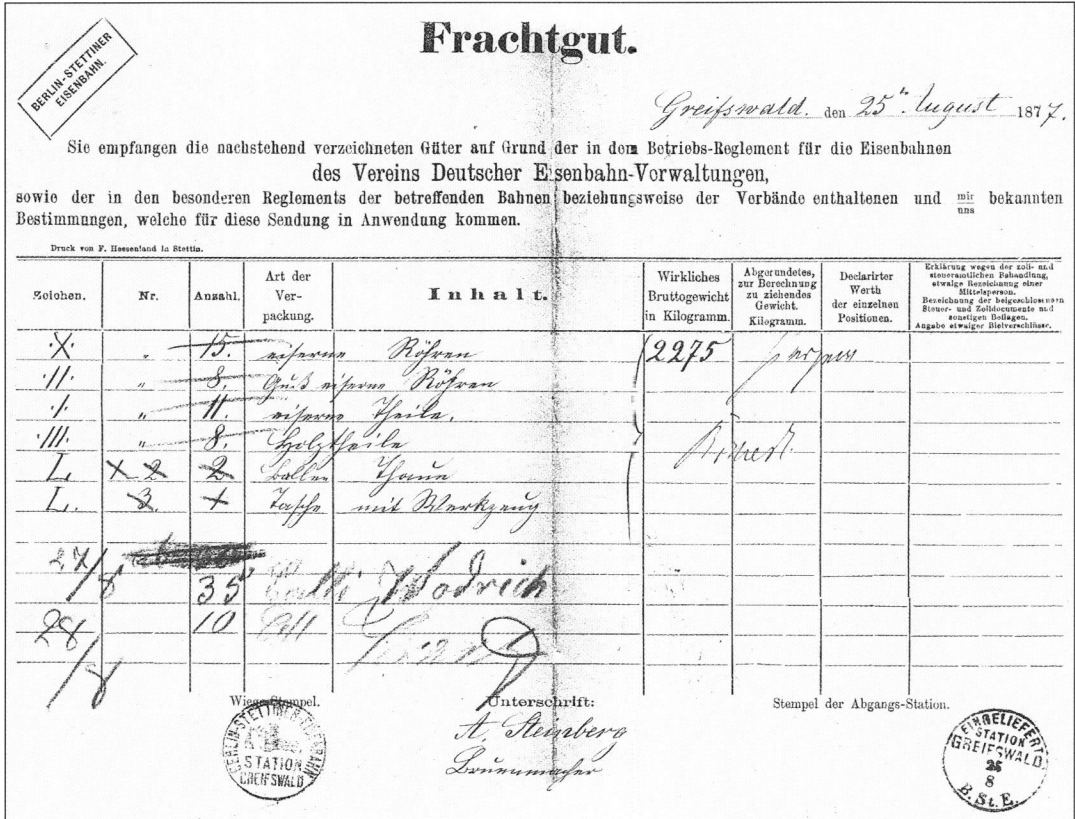

Frachtbrief der BSTE, 1877

Das 2. Gleis mußte wieder errichtet werden!

In Berlin fuhren die Stralsunder Züge zum Stettiner Bahnhof, nach dessen Schließung 1952 in der Regel nach Berlin-Lichtenberg.

7.2 Güterverkehr

Der Güterverkehr zwischen Angermünde und Stralsund war – im Gegensatz zu den Erwartungen beim Bau der Uckermärkisch-Vorpommerschen Bahn – in den Anfangsjahren relativ bescheiden. Es genügten zunächst gemischte Züge, die in Angermünde die Wagen an Güterzüge in Richtung Berlin übergaben bzw. von dort übernahmen. Während der Erntezeit wurden besondere Güterzüge zur Abfuhr der landwirtschaftlichen Erzeugnisse bedarfsgerecht eingelegt.

Im ersten vollen Betriebsjahr 1864 konnten allein durch den Transport von Soldaten und Militärgut im deutsch-dänischen Krieg Einnahmen in Höhe von 32 108 Taler erzielt werden. Das trug zu einem vergleichsweise guten Jahresergebnis wesentlich bei. 1865 beförderte die Vorpommersche Bahn schon 577 188 Personen und 108 710 t Güter /3/. Die Haupteinnahmen brachte der Personenverkehr.

Reger Betrieb auf der Ladestraße in Prenzlau, 1900.
Sammlung M. und R. Timm

Ein bezeichnendes Bild für die Behandlung der Fracht- und Eilgüter in den Anfangsjahren gibt uns ein Inserat der BSTE vom 27. Oktober 1863 im Greifswalder Wochenblatt /2/: (Auszug)

»Für die Städte Greifswald, Stralsund und Wolgast ist vom 01. November cr. ab die Einrichtung getroffen, daß die auf unserer Bahn ankommenden Fracht- und Eilgüter und Equipagen von unseren Bahnhöfen abgefahren und in den Städten und Vorstädten an die Empfänger abgeliefert, sowie die mit der Bahn zu versendenden Fracht- und Eilgüter und Equipagen auf vorherige Anmeldung der Absender, aus den Städten und Vorstädten abgeholt und nach den Bahnhöfen geschafft werden.

Der Tarif, nach welchem die Vergütung der Unternehmer für An- und Abrollen der Güter berechnet wird, ist bei unseren Güter-Expeditionen zu Greifswald, Stralsund und Wolgast, sowie bei unseren übrigen Güter-Expeditionen einzusehen«.

Die Betriebsergebnisse im Jahre 1866 beeinflußte der Krieg mit Österreich. Obwohl das gewöhnliche Transportvolumen zurückging, waren doch die Leistungen für das Heer so erheblich, daß die Einnahmen die des Vorjahres überstiegen. Gleiche Erfahrungen machte die BSTE 1870/1871 während des deutsch-französischen Krieges. Der Güterverkehr nahm nach dem Kriege einige Jahre zu, bis zur dann einsetzenden Wirtschaftskrise.

Als Beispiel für die Entwicklung bis zur Jahrhundertwende schauen wir uns die Ergebnisse des Bahnhofs Greifswald an /26/:

Versand	1881/82	1884/85	1891/92	1894/95
Eil- u. Stückgut	2356	3026	3488	3069
Wagenladungen	8206	7078	8054	18 002
Empfang				
Eil- u. Stückgut	2785	3792	3923	4732
Wagenladungen	6618	11 552	23 432	26 347

(Angaben in Tonnen)

1896 fuhren zwischen Berlin und Stralsund je ein Eilgüter- und ein Güterzugpaar.

Mit der Inbetriebnahme der Neben- und Schmalspurbahnen, aber auch zahlreicher Feldbahnen links und rechts der Vorpommerschen Bahn erhöhte sich das Gutaufkommen beträchtlich. Im Herbst bestimmten jahrzehntelang Wagengruppen und Ganzzüge mit Kartoffeln, Zuckerrüben und Getreide beladen das Bild auf den Schienen dieser Strecke. Dazu kam der Transport von Düngemitteln und Kohle in die landwirtschaftlichen Gebiete.

Güterabfertigung in Greifswald.

Die Industrie hatte sich in der nördlichen Uckermark und in Vorpommern bis 1945 nur schwach entwickelt.

Die Zuckerfabriken in Prenzlau, Anklam und Stralsund, eine kleine Werftindustrie in Wolgast, Greifswald und Stralsund, Transitverkehr von und nach Schweden, Frachten aus dem Seeverkehr sowie Baumaterialien bestimmten im wesentlichen den Güterverkehr in dieser Region.

Nach dem Zweiten Weltkrieg veränderte sich die wirtschaftliche Struktur im Umfeld der Linie Angermünde–Stralsund entscheidend. Damit ergaben sich für die Beförderung mit der Eisenbahn auch neue Gutarten. Waren vorher überwiegend landwirtschaftliche Produkte maßgebend, beeinflußten nunmehr das Petrolchemische Kombinat und die Papierfabrik in Schwedt/O., die Metallindustrie bei Eberswalde, die Hafenwirtschaft und die Werften an der Ostseeküste die Transportleistungen. Dazu kamen umfangreiche Baustofftransporte für das Kernkraftwerk in Lubmin, für den Wohnungsbau u.a. Die Wiederaufnahme des Fährbetriebes nach Skandinavien und dessen Ausbau in den Folgejahren ließen den Transitverkehr anwachsen. Bereits 1969 erreichte der Umschlag im Sassnitzer Fährhafen 1 848 900 Nettotonnen.

Im Versand der Rbd Greifswald im gleichen Jahr hatten folgende Gutarten die größten Anteile:

Mineralöle und Teerprodukte	46,9 %
Baustoffe	16,9 %
landwirtschaftliche Erzeugnisse	10,6 %
Holz	4,2 %

Derartige Beförderungsanteile trafen auch auf die Struktur der Güterströme unserer Strecke zu. Mitte der 70er Jahre hielt der Containerverkehr Einzug und nahm auf die Transporttechnologie zwischen Berlin und Stralsund Einfluß.

Im Güterverkehr ergab sich nach 1945 also ein vollkommen neues Bild. Die betrieblichen und verkehrlichen Anlagen wurden diesen Anforderungen angepaßt. Diese Entwicklung setzte sich bis 1990 fort.

Danach wanderten die Güter sukzessive auf die Straße ab. Die DBAG unternimmt gegenwärtig Schritte, um die Transporte mit der Eisenbahn für die Wirtschaft wieder attraktiver zu gestalten.

Die Bahnpost wurde zwischen Berlin und Stralsund von 1863 bis 1992 befördert.

8

Verwaltungsstrukturen

Von der Eröffnung bis zur Verstaatlichung im Jahre 1880 stand die Angermünde-Stralsunder Eisenbahn unter der Verwaltung des Direktoriums der Berlin-Stettiner Eisenbahn-Gesellschaft in Stettin. Das Gesetz vom 24. November 1879 zur Organisation der Staatsbahn in Preußen führte neue Verwaltungsstrukturen ein. Dies hatte nach der Verstaatlichung Auswirkungen auf das von uns betrachtete Streckennetz. Mit Wirkung vom 01. Februar 1880 nahm in Stettin die »Königliche Direktion der Berlin-Stettiner Eisenbahn« ihre Arbeit auf. Sie bestand jedoch nur bis zum 31. März 1881. Der Allerhöchste Erlaß vom 23. Februar 1881 bestimmte nämlich, daß sie mit dem 01. April 1881 aufzulösen und mit dem Verwaltungsbezirk der KED Berlin zu vereinigen sei. Derselbe Erlaß verfügte, daß in Stettin zwei der Eisenbahndirektion Berlin unterstellte Eisenbahn-Betriebsämter (Berlin-Stettin und Berlin-Stralsund) errichtet werden. Die vorpommerschen Strecken
– Stettin–Pasewalk–Landesgrenze (Mecklenburg)
– Angermünde–Stralsund
– Ducherow–Swinemünde
– Züssow–Wolgast

gehörten damit zum Stettiner Betriebsamt »Berlin-Stralsund«. In Stralsund gab es ab 01. Oktober 1880 ein Eisenbahn-Betriebsamt für die Nordbahn. Es hatte sich zuvor in Berlin befunden.

Diese Organisationsform bestand bis 1895. In den letzten Jahren hatte es sich bemerkbar gemacht, daß der langwierige Weg vom Kunden über die Betriebsämter und Direktionen zu umständlich war. Die Eisenbahn mußte eine straffere Organisation und mehr Kundennähe finden.

Der Allerhöchste Erlaß vom 15. Dezember 1894 – betreffend die Umgestaltung der Eisenbahnbehörden – erhöhte die Zahl der Direktionen auf 20 und schaffte die Betriebsämter ab. Deren Befugnisse übertrug die Behörde teils auf die Direktionen, teils auf die neu eingerichteten Inspektionen, die aber seit 1910 wieder Ämter hießen.

Stettin bekam erneut eine Königliche Eisenbahndirektion (01. April 1895), und es wurde fol-

**Siegelmarken der KED Stettin.
Sammlung Dr. Cnotka**

Gesetz-Sammlung
für die
Königlichen Preußischen Staaten.

Nr. 1.

Inhalt: Allerhöchster Erlaß, betreffend die Errichtung Königlicher Eisenbahndirektionen in Stettin, Magdeburg und Cöln für die Verwaltung der durch das Gesetz vom 20. Dezember 1879 (Gesetz-Samml. S. 635) auf den Staat übergehenden Privateisenbahnen, S. 1. — Bekanntmachung der nach dem Gesetz vom 10. April 1872 durch die Regierungs-Amtsblätter publizirten landesherrlichen Erlasse, Urkunden ꝛc., S. 2.

(Nr. 8679.) Allerhöchster Erlaß vom 29. Dezember 1879, betreffend die Errichtung Königlicher Eisenbahndirektionen in Stettin, Magdeburg und Cöln für die Verwaltung der durch das Gesetz vom 20. Dezember 1879 (Gesetz-Samml. S. 635) auf den Staat übergehenden Privateisenbahnen.

Auf Ihren Bericht vom 23. Dezember 1879 will Ich genehmigen, daß in Ausführung des Gesetzes vom 20. Dezember 1879, den Erwerb mehrerer Privateisenbahnen für den Staat betreffend, — Gesetz-Samml. S. 635 — für die Verwaltung des Berlin-Stettiner Eisenbahn-Unternehmens — jedoch ausschließlich der von der Ostbahn verwalteten Hinterpommerschen Bahnen — eine Behörde in Stettin unter der Firma: „Königliche Direktion der Berlin-Stettiner Eisenbahn", für die Verwaltung des Magdeburg-Halberstädter und Hannover-Altenbekener Eisenbahn-Unternehmens eine Behörde in Magdeburg unter der Firma: „Königliche Eisenbahn-Direktion in Magdeburg" und für die Verwaltung des Cöln-Mindener Eisenbahn-Unternehmens eine Behörde in Cöln unter der Firma: „Königliche Direktion der Cöln-Mindener Eisenbahn" eingesetzt wird. Diese Behörden sollen unmittelbar von Ihnen ressortiren, und in Angelegenheiten der ihnen übertragenen Geschäfte alle Befugnisse und Pflichten einer öffentlichen Behörde haben.

Dieser Erlaß ist durch die Gesetz-Sammlung zu veröffentlichen.

Berlin, den 29. Dezember 1879.

Wilhelm.
Maybach.

An den Minister der öffentlichen Arbeiten.

Ges. Samml. 1880. (Nr. 8679.)

Ausgegeben zu Berlin den 12. Januar 1880.

Allerhöchster Erlaß zur Errichtung von Königlichen Eisenbahndirektionen, 1879

gende Zuordnung der vorpommerschen Strecken zu den Betriebsinspektionen (B.I.) getroffen: (s. Tabelle weiter unten).

Für die Maschinen- und Verkehrsinspektionen waren Stettin 1 und Stralsund zuständig. Der Maschineninspektion Stralsund unterstanden auch die Fährschiffe. Die Hauptwerkstatt Greifswald hatte eine eigene Werkstattinspektion für den Bereich der vorpommerschen Strecken.

Die B.I. Stettin 2 erhielt ab 01. Oktober 1896 ihren Sitz in Eberswalde. Gleichzeitig wurde die B.I. Stettin 4 - Stettin 2. Mit dem 01. April 1898 trat an die Stelle der B.I. Stralsund 1 eine Betriebsinspektion in Prenzlau.

Von diesem Tage an gab es in Stralsund nur noch zwei Inspektionen.

Am 01. April 1902 bekam Eberswalde auch eine Maschineninspektion (vormals Stettin 1). Damit gab es in Stettin noch die Maschineninspektionen 1 und 2.

Mit der Bildung der Deutschen Reichsbahn entstand am 01 April 1920 die »Reichsbahndirektion Stettin«.

Im Jahre 1940 finden wir in unserem Bereich nach wie vor die Betriebsämter Eberswalde, Prenzlau, Stettin 1 und 2 sowie Stralsund 1 und 2, die Maschinenämter Eberswalde, Stettin, Stralsund, die Verkehrsämter Stettir 1 und 2 sowie Stralsund.

Stettin 1
Stettin (ausschl.) –Pasewalk (einschl.) –Landesgrenze	60,72 km
Pasewalk (einschl.) –Jatznick (einschl.)	26,98 km
Jatznick (einschl.) –Ückermünde (einschl.)	19,42 km
Ückermünder Hafenbahn	1,15 km

Stettin 2
Angermünde (ausschl.) –Pasewalk (ausschl.)	50,92 km

Stralsund 1
Neubrandenburg (einschl.) –Stralsund Hafen	92,45 km
Stralsunder Hafenbahn	0,82 km

Stralsund 2
Stralsund (ausschl.) –Rostock (ausschl.)	70,92 km
Velgast (einschl.) –Barth (einschl.)	11,41 km
Altefähr (einschl.) –Crampas–Sassnitz (einschl.)	44,87 km
Bergen/Rügen (einschl.)–Lauterbach (einschl.)	12,02 km

Stralsund 3
Stralsund (ausschl.) –Jatznick (ausschl.)	89,70 km
Züssow (einschl.) –Wolgast (einschl.)	17,85 km
Wolgaster Hafenbahn	1,59 km
Greifswalder Hafenbahn	2,23 km
Ducherow (einschl.) –Swinemünde (einschl.)	37,77 km
Swinemünder Hafenbahn	3,33 km
Swinemünde (einschl.) –Heringsdorf (einschl.)	7,71 km

BR 78 vor dem ersten Angermünder Lokschuppen, 1993.

Dampf- und elektrische Traktion begegnen sich 1993 im Bf Angermünde.

»Dampf« im Bw Angermünde.

Traditionslok im Stralsunder Hafen 1996. Foto J. Scheffelke

Traditionszug im Bf Angermünde 1993. Foto E. Morlok

Der »Rasende Roland« im Bf Putbus vor der Abfahrt nach Göhren.

Bf Stralsund Gleisseite 1998.

Nur noch selten begegnen uns die schweren Dieselloks der BR 232 – wie hier im Bf Ducherow.

»Präsidenten-Triebwagen« auf dem Bf Stralsund.

Heute bestimmt die Ellok der BR 143 das Bild auf der Strecke Berlin–Stralsund.

»Rammgründung« bei der Elektrifizierung zwischen Prenzlau und Dauer.

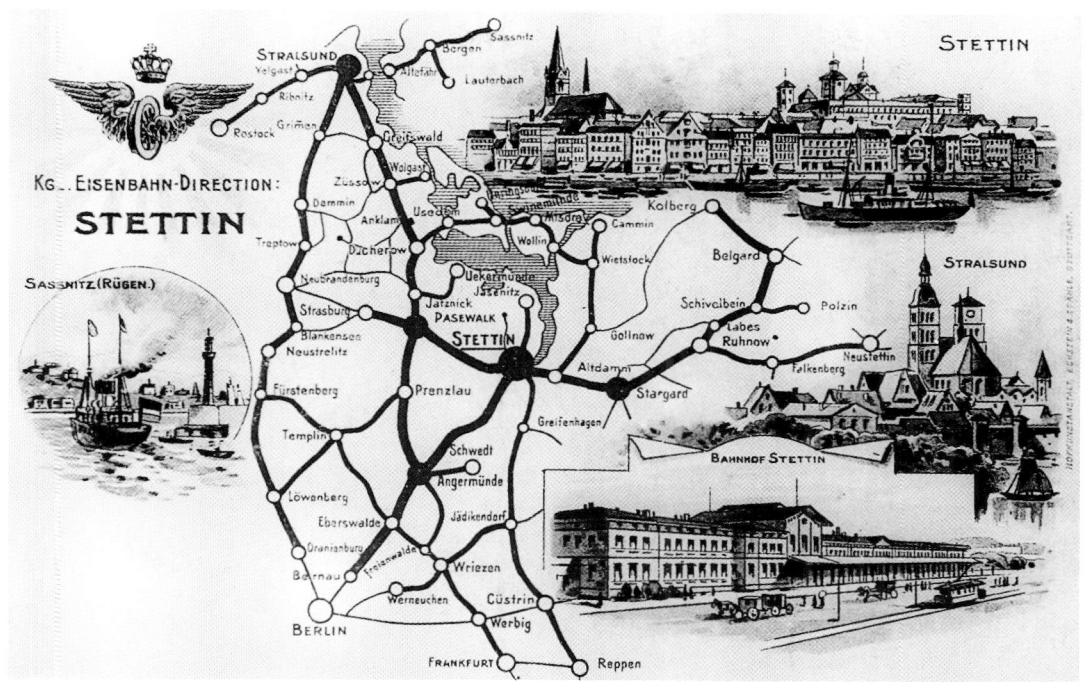

Streckennetz der Königlichen Eisenbahndirektion Stettin um 1900.
Sammlung Dr. Cnotka

Nach der Beendigung des Zweiten Weltkrieges legten die Alliierten am 01. August 1945 in Potsdam die neue polnische Westgrenze fest. Damit teilten sie auch die Reichsbahndirektion Stettin. Der westlich der neuen Grenze gelegene Teil der Eisenbahnstrecken mußte nun ohne die Direktionsstadt Stettin verwaltet werden.

In der Nacht vom 21. zum 22. Juli 1945 hatten auf Befehl der sowjetischen Militärverwaltung die deutschen Eisenbahner Stettin zu verlassen. Sie versuchten zunächst in Pasewalk eine neue Direktion aufzubauen. Der Name »Stettiner Direktion in Pasewalk« ließ noch Unklarheiten und Hoffnungen in bezug auf die neuen Grenzen erkennen. Die Zentrale der Deutschen Reichsbahn legte in Abstimmung mit der Sowjetischen Militäradministration per 01. September 1945 die neuen Grenzen der Reichsbahndirektionen fest und bestimmte auch den Namen »Direktion Pasewalk«. Der Aufbau einer arbeitsfähigen Reichsbahndirektion in der zu 80 % zerstörten Stadt erwies sich jedoch als unmöglich. Weder Büro- noch Wohnräume konnten in ausreichendem Maße bereitgestellt werden.

So mußte die Eisenbahn nach einem anderen Standort suchen. Da Greifswald durch seine kampflose Übergabe keine Zerstörungen aufwies, konnte man hier eine geeignete Unterbringung finden. Die Verlegung von Pasewalk nach Greifswald ordnete der Generaldirektor der DR am 06. Oktober 1945 an. Bereits am 10. Oktober begann die Rbd Greifswald offiziell ihre Tätigkeit.

Der östlich der neuen Grenzen verbliebene Teil der ehemaligen Rbd Stettin wird heute von der Bezirksdirektion der Polnischen Staatsbahn in Stettin verwaltet.

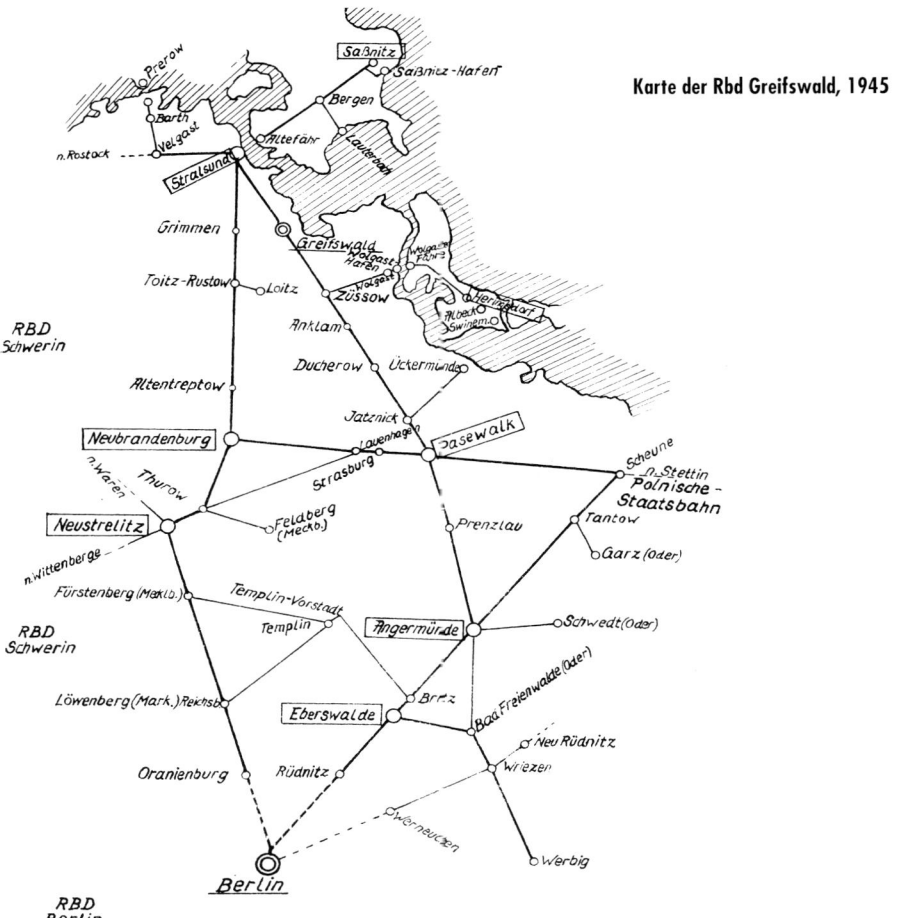

Karte der Rbd Greifswald, 1945

Die Mitarbeiter der Reichsbahndirektion Greifswald standen in den ersten Jahren ihrer Tätigkeit vor der Aufgabe, den Eisenbahnverkehr wieder aufzunehmen und die Kriegsschäden zu beseitigen.

Brücken, Signal- und Fernmeldeanlagen und Gleise waren zum großen Teil zerstört, einsatzfähige Lokomotiven und Wagen standen kaum zur Verfügung. Im Rahmen der umfangreichen Reparationsleistungen an die Sowjetunion waren Strecken demontiert, zweite Gleise abgebaut und Lokomotiven abgezogen worden. Viele Eisenbahner kehrten aus dem Krieg nicht zurück oder zogen in andere Gegenden Deutschlands. Besonders nachteilig erwiesen sich die Zerstörung der Ziegelgrabenbrücke am Rügendamm und die Sprengung der Brücke über den Peenestrom bei Karnin auf Usedom.

Die Eisenbahner ließen sich von diesen Zuständen jedoch nicht entmutigen und begannen mit dem Wiederaufbau und der Instandsetzung der Anlagen und Fahrzeuge. Schon 1945 rollten die ersten so dringend benötigten Kohlezüge Richtung Norden und auch der Personenverkehr wurde wieder aufgenommen. Im Jahre 1948 waren die Eisenbahnanlagen im Direktionsbezirk Greifswald soweit wiederhergestellt, daß man den Transportanforderungen gerecht werden konnte. Die Direktion entwickelte sich zu einer leistungsfähigen Eisenbahnverwaltung. Ihr Strecken-

Eingangsbereich der Rbd Greifswald – die Lichter gingen inzwischen aus!

netz umfaßte nach der Übernahme der Privat- und kommunalen Bahnen 1949/1950 sowie der Wiedereröffnung wichtiger Strecken ab Mitte der 50er Jahre rund 1750 km. Im wesentlichen waren es die vorpommerschen Strecken der ehemaligen Rbd Stettin und Streckenabschnitte der Rbd Schwerin. Der Bezirk reichte von den Toren Berlins bis an die Ostsee und von Grambow an der polnischen Grenze bis Malchin in Mecklenburg.

Die Mittlerrolle zwischen der Rbd und den örtlichen Dienststellen übernahmen die sogenannten »Einheitsämter«. Sie wurden 1946 gebildet. Diese Leitungsebene war für alle Dienstzweige zuständig. Die Ämter befanden sich in Stralsund, Pasewalk, Neustrelitz und Eberswalde. Sie wurden 1954 wieder aufgelöst, und es wurden die für den Dienstzweig »Betrieb und Verkehr« und den operativen Dienst verantwortlichen Reichsbahnämter Stralsund, Pasewalk und Neustrelitz gebildet. Das bedeutete, daß die Dienststellen der Hauptdienstzweige Maschinenwirtschaft, Wagenwirtschaft, Bahnanlagen und Sicherungs- und Fernmeldewesen nun direkt der Reichsbahndirektion unterstanden, während die Fahrzeugausbesserung und bestimmte Einheiten des Eisenbahnbauwesens speziellen Reichsbahndirektionen zugeteilt wurden.

Im Zusammenhang mit dieser Neustruktur entstanden die unter Leitung der Verwaltung Wagenwirtschaft der Rbd stehenden Bahnbetriebswagenwerke (Bww) in Prenzlau und Stralsund. Vorher wurden die Personen- und Güterwagen in den Bahnbetriebswerken (Bw) repariert. Die Rbd Greifswald erschloß eine Fläche von ca. 19 500 qkm (18 % der Gesamtfläche der ehemaligen DDR) in den damaligen Bezirken Rostock, Neubrandenburg, Potsdam und Frankfurt/Oder durch 11 % des Gesamtstreckennetzes der Deutschen Reichsbahn.

Dachte man zwischenzeitlich auch mal an eine Umsiedlung nach Neubrandenburg, bestand die Rbd Greifswald immerhin 45 Jahre bis zum 30. September 1990. Dann führten Strukturveränderungen bei der DR zur Übernahme durch die Rbd Schwerin: Bis zum 31. Dezember 1991 als »Direktionsbereich« - danach als »Haus Greifswald«. Mit der Bildung der Deutschen Bahn AG ab 01. Januar 1994 ist der Name »Greifswald« völlig aus der Verwaltungshierarchie der Eisenbahn verschwunden.

Die vorpommerschen Strecken sind z.Z. Bestandteil der Deutschen Bahn Netz AG, Niederlassung Ost mit Sitz in Berlin, Betriebsstandort Pasewalk. Der Begriff »Netz« beinhaltet die Bereiche Betrieb und Bau der Bahn.

9

Die Entwicklung der Strecke nach dem Zweiten Weltkrieg

Nach Beendigung des Krieges mußten die Eisenbahner die Trümmer beseitigen und die Gleise, Fahrzeuge und Anlagen wieder in einen betriebsfähigen Zustand bringen. Auch die Bahnanlagen in der Uckermark und in Vorpommern wiesen große Schäden auf. Im Bereich der Reichsbahndirektion Greifswald waren nahezu die gesamten Fernmeldeanlagen nicht funktionsfähig oder ausgebaut, 45 % der Sicherungsanlagen (Stellwerks- und Signaleinrichtungen) und 95 Eisenbahnbrücken zerstört, 20 Empfangsgebäude so stark beschädigt, daß sie nicht mehr nutzbar waren. Davon betroffen war auch die Strecke Angermünde–Stralsund nebst angrenzenden Gleisabschnitten. Dazu einige Beispiele:

Der Rügendamm und die Fähranlagen Sassnitz Hafen waren zum großen Teil zerstört, die Hubbrücke bei Karnin gesprengt, das Empfangsgebäude in Prenzlau nach ei-

Bekanntmachung zur Eröffnung des Zugverkehrs Berlin-Pasewalk am 12. September 1945.
Stadtarchiv Angermünde

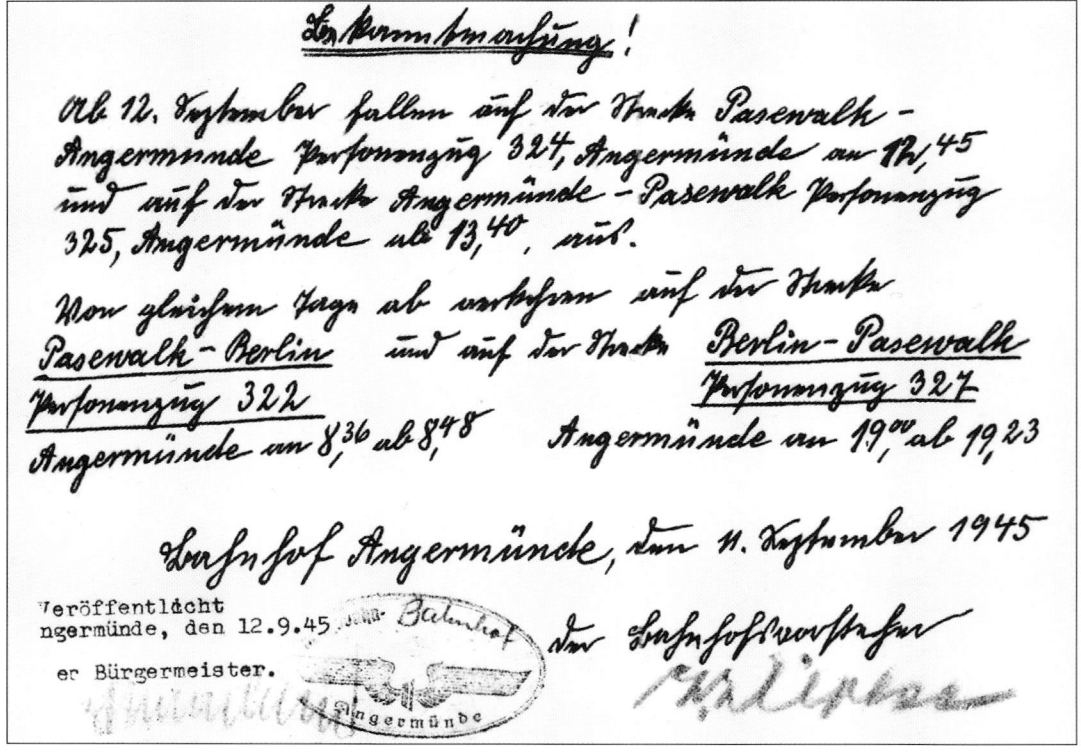

Triebwagen am Templiner Bahnsteig in Prenzlau.

nem Bombenangriff ausgebrannt, Strecken- und Bahnhofsgleise (z.B. in Anklam und Stralsund) sowie Brücken – u.a. die Welsebrücke bei Angermünde und die Ückerbrücke bei Nechlin – beschädigt. Noch 1946/1947 gab es auf dem Bf Anklam drei Behelfsbrücken infolge der Bombentrichter in den Gleisen. Dazu kam der Abbau des zweiten Gleises von Berlin bis Stralsund, der Strecken Ducherow–Ahlbeck, Prenzlau–Templin, Greifswald–Grimmen–Tribsees und zahlreicher Schmalspurbahnen als Reparationsleistung an die Sowjetunion. Insgesamt wurden im Bereich der Rbd Greifswald 451,0 km Gleise zu diesem Zweck demontiert. Lokomotiven, Wagen und technische Anlagen gingen in großem Ausmaße den selben Weg. Der verbleibende Teil des »rollenden Materials« mußte erst wieder betriebsfähig gemacht werden. Mit einem Wort – es herrschten chaotische Zustände, außerdem fehlte es überall an ausgebildetem Eisenbahnpersonal.

Ein weiterer gravierender Einschnitt für den Ablauf des Eisenbahnbetriebes bildete die Festlegung neuer Grenzen durch die Abkommen der Siegermächte. »Durchschnitten« wurden die vorpommerschen Strecken:

Angermünde–Stettin, Pasewalk–Stettin, Ducherow–Swinemünde–Seebad Heringsdorf, Stöven–Neuwarp und Casekow–Penkun–Oder. Es entstanden die Grenzbahnhöfe Grambow und Tantow auf deutscher und Scheune auf polnischer Seite. Die Normalisierung des Lebens nach dem Kriege erforderte die schnelle Instandsetzung der Schienenwege. Schon im Juni 1945 verkehrten zwischen Berlin und Stralsund wieder die ersten Züge – erst auf Teilabschnitten und nach Fertigstellung weiterer Gleisanlagen und dem Einbau von Behelfsbrücken auf der gesamten Streckenlänge. Nach der Übernahme der Eisenbahn am 1. September 1945 und weiterer intensiver Aufbauarbeit waren Ende 1945 folgende Strecken wieder betriebsbereit:

Berlin–Scheune, Angermünde–Stralsund, Angermünde–Schwedt/O., Eberswalde–Werbig, Tantow–Gartz/O., Britz–Templin und Fürstenberg–Templin.

Für die Relation Berlin–Stralsund hatte die Weiterführung des Transportweges auf die Insel Rügen eine immense Bedeutung. Die schnelle Instandsetzung des Rügendammes

Lubminer Bahnsteig auf dem Bf Greifswald.

Lubmin Personenbahnhof mit Kernkraftwerk.

Modernes Gleisbildstellwerk auf dem Bf Greifswald.

Das neue Kreuzungsbauwerk für das 2. Gleis über die Strecke Angermünde–Stettin.
Foto E. Morlok

war für den beabsichtigten Transitverkehr nach Schweden unerläßlich. Am 11. Oktober 1947 rollte der erste Zug über die behelfsmäßig wiederhergestellte Verbindung zwischen Festland und Insel. Damit war eine wichtige Voraussetzung für die Wiederaufnahme des Fährbetriebes im Jahre 1948 geschaffen.

Der Zugverkehr hatte sich jetzt stabilisiert und man konnte in den folgenden Jahren an den weiteren Wiederaufbau sowie an größere Investitionen denken.

An einige dieser Bauvorhaben wollen wir an dieser Stelle erinnern. In den Jahren 1948/1949 entstand das Empfangsgebäude auf dem Bf Prenzlau neu. Ab 1949 erfolgte der Wiederaufbau der Trasse Angermünde–Bad Freienwalde/Oder, die mit der Fertigstellung der Oder-Kanalbrücke 1952 in Betrieb genommen wurde. Damit konnte die eingleisige Hauptbahn Eberswalde–Angermünde entlastet werden. Am 30. Oktober 1953 wurde der Aufbau des Abschnittes Templin–Prenzlau abgeschlossen. Zeitgleich gestaltete die Rbd Greifswald die Einführung der Strecke von Templin und der Kreisbahnen in den Bf Prenzlau neu und errichtete zusätzliche Bahnsteige.

Einladung

zu den Einweihungsfeierlichkeiten für die Strecke
PRENZLAU – TEMPLIN
am 30. Oktober 1953

Deutsche Reichsbahn
Reichsbahndirektion Greifswald
Der Präsident

Die Fertigstellung der Strecke Prenzlau–Templin,
ein Beitrag zur Verwirklichung des neuen Kurses

Programm

- 10.00 Uhr Ankunft und Begrüßung der Ehrengäste in Templin und Besichtigung des Bahnbetriebswerkes
- 10.20 Uhr Fahrt der Gäste zum Bahnhof Templin Vorstadt
- 10.30 Uhr Feierliche Übergabe der neuerbauten Strecke
- 11.20 Uhr Abfahrt des Sonderzuges nach Prenzlau
- 13.15 Uhr Ankunft des Sonderzuges in Prenzlau
- 13.20 Uhr Festakt auf dem Bahnhofplatz
- 14.00 Uhr Abmarsch der Festteilnehmer zu den Festräumen (HO Kurgarten und HO Parkrestaurant)
- 14.30 Uhr Gemeinsames Essen
- 16.00 Uhr Kulturelle Veranstaltungen
- 17.30 Uhr Gemütliches Beisammensein

In den folgenden Jahren 1956-1960 übergab der Baubereich die Welse- und Ückerbrücke sowie weitere Gleisabschnitte dem Betrieb.

Das Transportvolumen nahm durch den wachsenden Schwedenverkehr, die Aufnahme der Produktion im Petrolchemischen Kombinat Schwedt/O. (1963) und den Bau des Kernkraftwerkes Lubmin bei Greifswald erheblich zu.

Greifswald–Lubmin Personenbahnhof

Die Errichtung des Kernkraftwerkes in der Lubminer Heide erforderte in den Jahren 1967-1969 den Bau einer eingleisigen Hauptbahn. Sie diente dem Transport von Baustoffen, Anlagenteilen, Brennstäben sowie von Bauarbeitern und Werksangehörigen. Touristen konnten nun ebenfalls per Bahn die Strände des Greifswalder Boddens erreichen. Am 28. September 1969 eröffnete die Deutsche Reichsbahn den Güter- und am 31. Mai 1970 den öffentlichen Personenverkehr.

Die Strecke führt vom Bf Greifswald parallel zum Abschnitt nach Züssow über den Haltepunkt Greifswald Süd zur Abzweigstelle Schönwalde. Nach Osten abbiegend erreicht sie die Haltepunkte Seebad Lubmin, Lubmin Mitte (früher Zentrale Baustelleneinrichtung) und endet nach 25,4 km in Lubmin Personenbahnhof (früher Werkbahnhof). Die zulässige Streckengeschwindigkeit beträgt 100 km/h.

Lange Jahre waren hier die aus mehreren Doppelstockeinheiten und Diesellokomotiven der BR 110 bestehenden Personenzüge dominierend. Die Wendezüge konnten 1500 bis 1600 Reisende auf einer Fahrt befördern. Seit der Abschaltung des Kernkraftwerkes 1990 ist der Verkehr stark zurückgegangen, die Doppelstockwagen haben einfachen Reisezugwagen Platz gemacht. Statt 9 Zugpaaren/Tag kursieren heute nur noch 4-6 (Sommer). Der Personenbahnhof Lubmin ist mit mehreren Gleisen und einem Gleisbildstellwerk ausgerüstet, es können Wagen abgestellt und Rangierarbeiten ausgeführt werden. Für den Personenverkehr ist ein Bahnsteig und ein Umsetzgleis vorhanden. Es besteht ein Anschlußgleis direkt in das Werk.

Voraussetzungen für das Weiterbestehen der Bahn sind die Entwicklung des Tourismus in der Region um Lubmin und das atomare Zwischenlager Nord.

Im Zusammenhang mit dem Bau des Kernkraftwerkes erfuhr der Bf Greifswald den größten Umbau seit seinem Bestehen. Anfang der 70er Jahre entstanden zusätzliche Gleisanlagen, der Inselbahnsteig wurde befestigt und erhielt eine Überdachung, für die Personenzüge von und nach Lubmin errichtete man einen neuen Bahnsteig sowie eine Fußgängerbrücke. Die Lokbehandlungsanlagen wurden erweitert und – als Herz des Bahnhofs – ein modernes Gleisbildstellwerk am Südkopf erbaut.

Kapazitätsentwicklung bis zur Gegenwart

Neben dem Bau neuer Gleisanlagen zur Erschließung der Standorte in Schwedt/O. (Passow–Stendell) und Lubmin mußten unbedingt Maßnahmen zur Erhöhung der Kapazität der Bahnhöfe und Strecken durchgeführt werden. Dazu gehörten u.a. Gleisanlagen auf den Bahnhöfen Eberswalde, Pasewalk und Stralsund verbunden mit der Erweiterung, Mechanisierung und Automatisierung der Rangieranlagen sowie das zweite Gleis Eberswalde–Britz.

Anfang der 70er Jahre mußte die DR endgültig konstatieren, daß die Durchlaßfähigkeit der eingleisigen Hauptbahn Berlin–Pasewalk–Stralsund auf einigen Abschnitten keinen störungsfreien Zuglauf mehr zuließ. Es gab keine andere Möglichkeit diesen Eng-

Linke Seite: Eröffnung der Strecke Prenzlau–Templin 1953, Einladung

Bauzug für die Streckenelektrifizierung in Prenzlau

paß zu beseitigen, als das zweite Gleis wieder aufzubauen. Die prognostizierten Zugzahlen bis 1990 gaben dazu letzten Anstoß.

Im Jahre 1973 begann mit der Investition »Automatisierung der Betriebsführung, einschließlich zweigleisiger Ausbau der Strecke Bernau–Pasewalk–Stralsund« im Bereich der Rbd Greifswald ein gewaltiges Bauvorhaben mit überbezirklicher Bedeutung. Einbezogen waren auch die Strecke Angermünde–Passow als Zufahrt zum Werkbahnhof Stendell/Schwedt/O. sowie die Angermünder Verbindungskurve Erichshagen–Kerkow. Mit diesem Bauvorhaben korrespondierte die Erneuerung des vorhandenen Streckengleises, von Brücken und die Verbesserung der Sicherungsanlagen. Leider realisierte die DR die vorgesehenen Gleisbildstellwerke in Eberswalde und Angermünde nicht, nur Prenzlau erhielt 1982 eine solche moderne Anlage. Zwischen 1973 und 1978 wurde das zweite Gleis abschnittsweise in Betrieb genommen, ein »Rest« zwischen Angermünde und Kerkow – einschließlich der Einbindung in den Bf Angermünde – erst 1987.

Berlin–Pasewalk–Stralsund hatte sich zu einer bedeutenden Nord-Süd-Magistrale im Streckennetz der Deutschen Reichsbahn entwickelt. Dazu trugen die genannten neuen Werke, aber auch der Maschinenbau in

Aufstellen von Gittermasten mit dem Hubschrauber in Pasewalk. Sammlung E. Morlok

1992 als eine der letzten größeren Investitionen der DR in Betrieb genommen – Lokhalle in Angermünde. Foto E. Morlok

Eberswalde, der Hafenumschlag im Seehafen Stralsund und nicht zuletzt der Ferienreiseverkehr zu den Ostseebädern der Insel Usedom und Rügen bei. Anfang der 80er Jahre begann zudem der Bau des Fährkomplexes Mukran auf der Insel Rügen.

So war es begründet, auch die Strecke Angermünde–Stralsund in das Elektrifizierungsprogramm der DR fest einzuordnen. Die Effektivität und die größere Zugkraft der elektrischen Lokomotiven gegenüber den Dieseltriebfahrzeugen sollten die Durchlaßfähigkeit der Strecke wesentlich verbessern.

1985 gründete der Elektrifizierungs- und Ingenieurbaubetrieb der DR zwischen Herzsprung und Angermünde den ersten Mast für die elektrische Fahrleitung – 1989 sollte die Elektrifizierung von Berlin bis Sassnitz und Mukran abgeschlossen werden (340 km). In das Programm eingeschlossen waren neben der Hauptstrecke auch Angermünde–Passow–Stendell, Züssow–Wolgast Hafen und Stralsund–Sassnitz/Mukran/Binz.

Um die Stromversorgung zu garantieren, wurden Umformerwerke in Eberswalde, Prenzlau, Anklam und Stralsund gebaut, in denen der Strom von 110 KV, 50 Hz aus dem Landesnetz auf 15 KV, 16 2/3 Hz Bahnstrom umgeformt wird.

Anpassungsarbeiten für die Sicherungs-, Fernmelde- und elektrischen Anlagen sowie Sonderkonstruktionen an Brücken, forstwirtschaftliche Profilfreimachung und zahlreiche korrespondierende Vorhaben waren auszuführen. Beispielhaft für notwendige Sonderkonstruktionen sollen hier Erwähnung finden:

Fahrdrahthubeinrichtung am Bahnübergang Bf Biesenthal, Neubau der Straßenbrücke über den Bf Eberswalde mit anschließender Hebung der alten Brücke, Gleisabsenkung an der Kanalbrücke zwischen Eberswalde und Britz sowie an der Brücke im Zuge der F 109 bei Prenzlau, Sonderkonstruktionen an der Peeneklappbrücke bei Anklam und der Ziegelgrabenbrücke sowie bei der Überquerung des Strelasundes.

Bei den Elektrifizierungsarbeiten am Rügendamm wurden mit einem Hubschrauber jeweils 60 m hohe Mastkonstruktionen montiert, über die eine Hochspannungsleitung führt. Sie gewährleistet die Energiezufuhr für das elektrifizierte Streckennetz auf der Insel Rügen auch für die Zeit, in der der Eisenbahnbetrieb durch das Hochklappen der Ziegelgrabenbrücke unterbrochen werden muß.

Alle Arbeiten mußten unter der Bedingung »Fahren und Bauen« in relativ kurzen Sperrpausen realisiert werden – und dies bei der hohen Streckenbelegung.

Trotz aller komplizierten Situationen im Verlaufe des Baugeschehens erreichten die Baubetriebe nach zahlreichen abschnittsweisen Inbetriebnahmen pünktlich am 27. Mai 1989 die Ziele auf der Insel Rügen.

Am 20. Dezember 1987 nahm die DR den elektrischen Zugbetrieb bis Angermünde und Stendell auf. Von da an ging es zügig weiter in Richtung Norden:

Angermünde–Prenzlau	06. März 1988	38,0 km
Prenzlau–Pasewalk	28. Mai 1988	28,0 km
Pasewalk–Züssow	24. September 1988	59,6 km
Züssow–Wolgast Hafen	17. März 1989	19,0 km
Züssow–Greifswald	09. Dezember 1988	18,0 km
Greifswald–Stralsund–Stralsund–Rügendamm	17. Dezember 1988	36,5 km
Stralsund–Rügendamm–Sassnitz/Mukran/Binz	27. Mai 1989	76,0 km

1997 wurde der Bf Borkenfriede geschlossen.

Die Nord-Süd-Verbindung zwischen Bad Schandau und Sassnitz konnte nunmehr vollständig mit elektrischer Traktion bedient werden. Damit waren Voraussetzungen für eine weitere Steigerung des Transportvolumens der Eisenbahn gegeben.

In den Jahren 1990/1991 erhielt die Strecke Berlin–Stralsund Zugfunk und punktförmige Zugbeeinflussung (PZB).

Doch wie bekannt, verlief die Entwicklung der Eisenbahn ab 1990 in eine andere Richtung. So lag beispielsweise die ursprünglich geplante jährliche Umschlagsmenge in Mukran in Höhe von 5,3 Millionen t 1996 bei rund 1,4 Millionen t. Der Reisende an die Ostsee benutzt überwiegend sein Auto, und der Güterverkehr ist nach dem Umstieg auf die Straße bei der Eisenbahn drastisch gesunken. Das blieb auch auf den von uns betrachteten Strecken nicht ohne Auswirkungen.

Der Reisende, der nach langer Abwesenheit die Eisenbahnverbindung von Berlin nach Stralsund wieder einmal benutzt, wird viele Veränderungen feststellen können. Ist das Verschwinden der früher in großer Anzahl vorhandenen Wärterhäuser und Schrankenposten noch dem Fortschritt der Technik geschuldet, hat die Reduzierung der Güterverkehrsanlagen ganz andere Gründe. Die statistischen Jahresberichte der Deutschen Bahn AG treffen klare Aussagen zum Rückgang der Güterverkehrsleistungen. Der besagte Reisende wird im Nebengleis kaum einen Ganzzug mit Bau- oder Brennstoffen oder gar landwirtschaftlichen Produkten entgegenkommen sehen. Dafür kann er an den niveaugleichen Bahnübergängen lange Autostaus beobachten. Nicht nur die überflüssigen Güterabfertigungen werden geschlossen bzw. abgerissen, dieses Schicksal trifft auch Neben- und Rangiergleise. Empfangsgebäude schließen ihre Pforten. Die Lokbehandlungsanlagen in Eberswalde und Greifswald sind von der Bildfläche verschwunden. In der Uckermark und in Vorpommern stellte die DBAG den Betrieb auf folgenden Strecken ein:

28. Mai 1995
   Angermünde–Bad Freienwalde
   Prenzlau–Strasburg
   Prenzlau–Damme–Löcknitz
   Damme–Gramzow
   Velgast–Tribsees
02. Juni 1996
   Templin–Fürstenberg (Havel)
07. Oktober 1996
   Verbindungskurve Kerkow–Erichshagen bei Angermünde.

1995 schloß die DBAG folgende Zugangsstellen für den öffentlichen Personenverkehr: Chorin, Herzsprung, Greiffenberg, Quast, Dauer.

1997: Borkenfriede.

Der positive Ausblick soll jedoch nicht fehlen.

1997 verlängerte die UBB die Strecke Wolgaster Fähre–Seebad Ahlbeck um 2,3 km bis zur Grenze nach Polen.

Im Güter- und Personenverkehr unternimmt die DBAG erhebliche Anstrengungen, verlorenes Terrain wiederzugewinnen bzw. neue Geschäftsfelder zu erschließen.

10
Bemerkenswerte Einrichtungen der Eisenbahn im Umfeld der Hauptstrecke

10.1 Von der Eisenbahnwerkstatt der Berlin-Stettiner Eisenbahn zum Werk der Deutschen Bahn AG

Im Projekt der Berlin-Stettiner Eisenbahngesellschaft zur Errichtung einer Eisenbahn von Passow nach Greifswald aus dem Jahre 1854 war bereits die »Erbauung einer kleinen Reparaturwerkstatt und die Anlage einer Cooksbrennerei bei Greifswald« vorgesehen. Diese Vorstellungen blieben erhalten und mit der Errichtung der Vorpommerschen Eisenbahn verwirklicht. Am 20. Oktober 1863 nahm die Eisenbahnwerkstatt ihre Arbeit auf. Da es in Greifswald nicht genug Fachkräfte gab, kamen ca. 40 Arbeiter aus den schon länger bestehenden Betrieben der BSTE in Stargard und Stettin. Sie führten in einem 20 Stände aufweisenden Gebäude Reparaturen an Lokomotiven und Wagen aus.

Mit den Strukturveränderungen bei der Eisenbahn änderten sich auch Namen und Zuordnungen der Eisenbahnwerkstatt. Die Verstaatlichung der BSTE brachte die Umbenennung in »Eisenbahnhauptwerkstatt« und die Unterstellung bei der Königlichen Eisenbahndirektion Berlin. Seit der preußischen Eisenbahnreform von 1895 gehörte sie zur KED Stettin. Mit der Gründung der Deutschen Reichsbahn 1920 erhielt die Greifswalder Werkstatt den Status eines »Reichsbahnausbesserungswerkes« (Raw).

1926 fiel das Raw Rationalisierungsmaßnahmen zum Opfer und schloß am 28. Februar seine Pforten.

Im Oktober 1945 eröffnete die Reichsbahndirektion Greifswald eine Nebenwerkstatt, in der die dringend benötigten Ersatzteile für Lokomotiven aufgearbeitet wurden. Ab 01. Januar 1952 durfte sie sich wieder Reichsbahnausbesserungswerk nennen und zeichnete für die Reparatur von Reisezugwagen verantwortlich. 1954 übernahm das Werk auch die Ausbesserung von Güterwagen.

Führerstand im Wendezugbetrieb.

Werk der DBAG in Greifswald.

Da das Raw Greifswald zu den kleineren Werken gehörte, sah die Leitung der DR Ende der 50er Jahre keine ausreichende Perspektive mehr. So wurde es zu einem Instandhaltungswerk für Kraftfahrzeuge umgewandelt und nahm gemeinsam mit dem Kraftfahrzeug-Instandhaltungsbetrieb Greifswald am 01. Januar 1960 eine neue Tätigkeit auf. Das Werk blieb trotz seines neuen Leistungsprofils weiter der Deutschen Reichsbahn unterstellt. Es gab nun am Bahnhof die Betriebsabteilung I und in der Mehringstraße die Abteilung II. Am alten Standort in Bahnhofsnähe reparierte das Werk Nutzfahrzeuge der DR und stellte ab 1982 Fahrerkabinen für Spezialfahrzeuge der Eisenbahn her.

Mit Bildung der Deutschen Bahn AG und der Einführung neuer Strukturformen wurde die ehemalige »Eisenbahnwerkstatt« zum »Geschäftsbereich Werk Greifswald« umgewandelt. Ab 1993 fertigen die Beschäftigten Führerstände der Bauart »Wittenberge« für die Steuerköpfe von Reisezugwagen an. Sie werden im Wendezugbetrieb benötigt.

Lassen wir zum Abschluß dieses Kapitels noch die wichtigsten Baumaßnahmen Revue passieren:

1864	Inbetriebnahme einer Dampfkraftanlage
1883	Erweiterung der Lokwerkstatt um neun Stände
1905	Wagenrevisionsschuppen
1907	Reparaturwerkstatt für Lokomotiven
1913	Halle für die Wagenreparatur
1965	Sozial- und Verwaltungsgebäude.

Klappbrücke über den Ziegelgraben mit dem Bedienstellwerk.

10.2 Der Rügendamm

In den ersten Plänen für einen Eisenbahnanschluß der Stadt Stralsund sollten auch die Insel Rügen und sogar der Eisenbahnverkehr mit Schweden erreicht werden. Grundlagen für diese Ziele waren die lange Tradition der Schiffspostlinien von Stralsund ausgehend nach Schweden, die Allerhöchste Kabinetsorder von 1842 mit dem Hinweis, daß die Hauptrichtungen der Eisenbahn » ... das Ausland berühren ... « sollten und die günstige territoriale Lage.

Mit dem Bau der ersten Eisenbahn auf Rügen nahmen die Versuche einer Eisenbahnanbindung der Insel konkrete Formen an. Lösungen wie Hochbrücke, Tunnel, Brücken/Damm-Anlage unter Nutzung der Insel Dänholm oder Fährverkehr erregten die Gemüter. Überwiegend aus Kostengründen entschied sich der Staat im Rahmen der Bauvorbereitung 1881 für den Trajektverkehr von Stralsund-Hafen nach Altefähr.

Ausgelöst durch den wachsenden Transit nach Schweden mit der Inbetriebnahme des Postdampferverkehrs und Aufnahme des durchgehenden D-Zug-Betriebes Berlin–Sassnitz-Hafen 1897, der Eröffnung der Eisenbahnfährverbindung Sassnitz–Trelleborg 1909 sowie dem zunehmenden Bäderverkehr auf die Insel Rügen mußte der Staat sich aber weiter mit Projekten einer festen Anbindung zwischen Festland und Insel befassen. Der Trajektbetrieb über den Strelasund war letztlich nicht mehr in der Lage, das Transportaufkommen zu bewältigen. Aber alle Anläufe vor dem Ersten Weltkrieg scheiterten.

Erst 1927 wurden die Vorbereitungsarbeiten wieder aufgenommen. Auch diesmal verglichen die zuständigen Behörden die einzelnen Varianten miteinander. Hochbrücke oder Tunnel schieden aus Kostengründen und wegen der großen Rampenlängen aus. 1931 fällt endlich die Entscheidung, und mit dem Bau einer Sundquerung wird begonnen. Nach einer Unterbrechung, hervorgerufen durch leere Kassen, wird dann in den Jahren 1933-1936 der Bau ausgeführt.

Am 05. Oktober 1936 wird der Rügendamm feierlich in Betrieb genommen. Er besteht aus:

Dammstrecke Festland	160 m
Ziegelgrabenbrücke	140 m
Dammstrecke auf der Insel Dänholm	1250 m
Strelasundbrücke	540 m
Dammstrecke Insel Rügen	410 m
Gesamtlänge	2500 m

Außer einem Eisenbahngleis werden eine zweispurige Straße von 6,00 m und ein Fußweg von 3,00 m Breite angelegt.

Der Fährbetrieb Stralsund–Altefähr wird eingestellt, und die Reisezeit zwischen Berlin und Stockholm verkürzt sich von 19,5 auf 18,5 Stunden.

Die Gesamtbauleitung für Straße und Eisenbahn lag in Verantwortung des durch die Rbd Stettin gebildeten Neubauamtes. Die Straßenverbindung konnte erst am 13. Mai 1937 in Betrieb genommen werden, da zuvor der Bf Altefähr umgebaut werden mußte.

Wenden wir uns nun einigen interessanten technischen Details des Bauwerkes zu. Für die jeweils nebeneinander liegenden, gleiche statische Systeme aufweisenden Straßen- und Eisenbahnbrücken wurden Vollwandträgerbrücken gewählt. Alle Überbauten bestehen aus Stahl. Die zweispurigen Straßenbrücken sind Nietkonstruktionen, die eingleisigen Eisenbahnbrücken wurden vollständig geschweißt. Nebeneinander liegende Brücken haben jeweils gemeinsame Unterbauten. Bei den drei Einfeldträgern der Ziegelgrabenbrücken betragen die Stützweiten 52 m-29 m-52 m. Die Mittelöffnung ist mit einer Waagebalkenbrücke überspannt, der Pylon ist 20 m hoch. Die Strelasundbrücken sind als zwei jeweils hintereinander liegende Fünffeldträger mit Feldweiten von 54 m errichtet worden. Eine derart große Brückenlänge war notwendig, um den Durchflußquerschnitt zu gewährleisten. Die lichte Höhe beträgt 8 m. Die Eisenbahnbrücke war seinerzeit die größte voll geschweißte Brückenkonstruktion der Welt. Die Brücke ist als Trogbrücke mit offener Fahrbahn ausgebildet. Hersteller war die Firma Krupp.

Neben dem eigentlichen Rügendamm ist im Raum Stralsund eine Reihe von ergänzenden Baumaßnahmen ausgeführt worden, die bei der Entwicklung des Bahnhofs beschrieben wurden.

Nachdem die Strelasundbrücken wie auch die Ziegelgrabenbrücken 1945 durch Sprengungen unbrauchbar geworden waren, stellte die DR die Befahrbarkeit 1947 durch den Einbau von Interimsbrücken wieder her. Im Mai 1961 beseitigte der Stahlbau Dessau diese Behelfszustände. Dem gingen analoge Maßnahmen am Ziegelgraben bereits im April voraus.

Im Jahre 1986 mußte die zulässige Geschwindigkeit auf der Strelasundbrücke von 90 km/h (Streckengeschwindigkeit) auf 30 km/h herabgesetzt werden. Es waren Schäden an der Schweißkonstruktion aufgetreten, die sogar zur Forderung nach einer Außerdienststellung der Brücke führten.

Bei der starken Belastung des Rügendammes war dies ein unhaltbarer Zustand. Täglich befuhren 98 Züge den eingleisigen Streckenabschnitt Bf Stralsund Rügendamm–Bf Altefähr, darunter durchgehende internationale Züge in der Nord-Süd-Relation zu den Fährverbindungen Sassnitz–Trelleborg und Mukran–Klaipeda. Aus den o.g. Gründen sollte

Postkarte und Briefmarke zum Thema Rügendamm als Leckerbissen für Philatelisten

eine Generalreparatur vorgenommen werden. Seit 1986 liefen hierzu die Vorbereitungen. Da die Sperrzeit des Rügendammes zur Auswechslung der Brückenteile auf ein Minimum beschränkt sein mußte, war eine exakte Vorbereitung der Baumaßnahmen entscheidend für den Erfolg.

Vom 09. bis 13. Mai 1990 wurden in einer 84,5-Stunden-Sperrpause alle fünf Brückensegmente der Strelasundbrücke mit Hilfe von zwei Schwimmkränen ausgewechselt. Die Brückensegmente waren in Mukran vorgefertigt worden und auf dem Wasserwege zur Baustelle gelangt. Eine solche Brückenauswechslung in einer so kurzen Zeit war weltweit eine beachtliche Leistung des Hauptauftragnehmers Stahlbau Dessau (DR). Sie war nur durch intensive Vorbereitung und genau abgestimmter Zusammenarbeit aller Partner möglich. Seit Mai 1990 konnten Züge die Strelasundbrücke wieder mit 90 km/h befahren.

Im Mai 1992 folgte dann die Generalreparatur der Eisenbahnbrücke über den Ziegelgraben. Werkstoffe, Schweißtechnologie und Schweißverfahren sowie Konstruktionsdetails entsprachen nicht mehr den gültigen Standards. Der mechanische Brückenantrieb sollte auf ein hydraulisches Verfahren umgestellt werden.

Mit den Erfahrungen aus dem Umbau der Strelasundbrücke und in Hinblick auf die er-

Internationale Züge am Bahnsteig in Sassnitz Hafen – im Fährbett die *Preußen,* um 1920.

neute Forderung nach kurzen Sperrpausen erarbeitete die DR eine gleichartige Technologie für die Auswechslung und Erneuerung der Ziegelgrabenbrücke wie zwei Jahre zuvor.

Vom 06. bis 22. Mai 1992 realisierte erneut der Stahlbau Dessau (DR) mit seinen Nachauftragnehmern Demontage, Neuaufbau, Umrüstung der Antriebe und Funktionsprüfung. Nach nur 15 Tagen Bauzeit konnten wieder Hochseeschiffe den Ziegelgraben passieren. Die Technologie mit der Vormontage in Mukran und dem Einsatz von Schwimmkränen hatte sich erneut bewährt. Der gesamte Rügendamm war nun wieder mit 90 km/h befahrbar.

Beide Generalreparaturen mußten unter den Bedingungen einer elektrifizierten Strecke durchgeführt werden. Im Rahmen der Elektrifizierung war 1988 die Klappbrücke mit einer Sonderkonstruktion (starre Fahrleitung) ausgerüstet worden.

10.3 Die »Königslinie« Sassnitz–Trelleborg

Der Eisenbahnfährverkehr zwischen Deutschland und Schweden war seit seiner Aufnahme mitbestimmend für die Leistungen auf der Strecke Berlin–Angermünde–Stralsund und die Entwicklung des Bahnhofs Stralsund. Stralsund wurde zum Transit- und Umstellbahnhof zwischen den Eisenbahnverbindungen
- Hamburg–Rostock–Stralsund
- Berlin–Neustrelitz–Stralsund
- Berlin–Angermünde–Stralsund
und der Fährrelation Sassnitz–Trelleborg.

Vorläufer der Eisenbahnfährschiffahrt war die 1897 eröffnete Postdampferlinie. Sie konnte aber schon zehn Jahre später das Aufkommen kaum noch bewältigen. Das Umsteigen der Reisenden und das Umladen der Güter von der Bahn auf das Schiff in Sassnitz Hafen verbrauchten zu viel Zeit. Insbesondere Schweden drängte nach einer Eisenbahnverbindung zum europäischen Kontinent. Die Randlage Schwedens hemmte die Beteiligung des Landes am Welthandel und seine industrielle Entwicklung. Die Transitfunktion Dänemarks am schwedisch-deutschen Handel sollte beseitigt werden. 1905 war Deutschland mit rund 38 % am Im- und Export Schwedens beteiligt /11/. So schlossen am 15. November 1907 Deutschland und Schweden in Berlin einen Staatsvertrag zum Eisenbahnfährverkehr Sassnitz–Trelleborg ab. Sassnitz bekam vor anderen Bewerbern an der Ostseeküste den Zuschlag.

Gründe hierfür waren die seit 1891 bestehende Eisenbahnanbindung, die günstige seeseitige Lage und der bereits verfügbare Hafen. Es gab jedoch auch negative Einflußfaktoren, auf die wir noch zu sprechen kommen.

Der planmäßige Fährbetrieb auf der »Königslinie« begann am 07. Juli 1909. Die Feierlichkeiten liefen schon seit dem 05. Juli. Anwesend waren der schwedische König Gustav V. und Kaiser Wilhelm II. Der Fährbetrieb wurde landseitig mit zwei Fährbetten (eingleisige Fährbrücken) und einem Reserveliegeplatz sowie den notwendigen technischen Anlagen im Bf Sassnitz Hafen aufgenommen. Auf der 107,4 km langen Seeroute setzte jeder Partner zunächst zwei Trajekte ein: Deutschland die Fährschiffe *Preußen* und *Deutschland* und Schweden die *Drottning Victoria* und *Konung Gustav V.*.

Die Leistungen entwickelten sich kontinuierlich:

1910	73 000 t	Güter
1913	134 000 t	
1939	342 000 t	

Gleisanlagen in Sassnitz Hafen – FS am Reserveliegeplatz, um 1920.

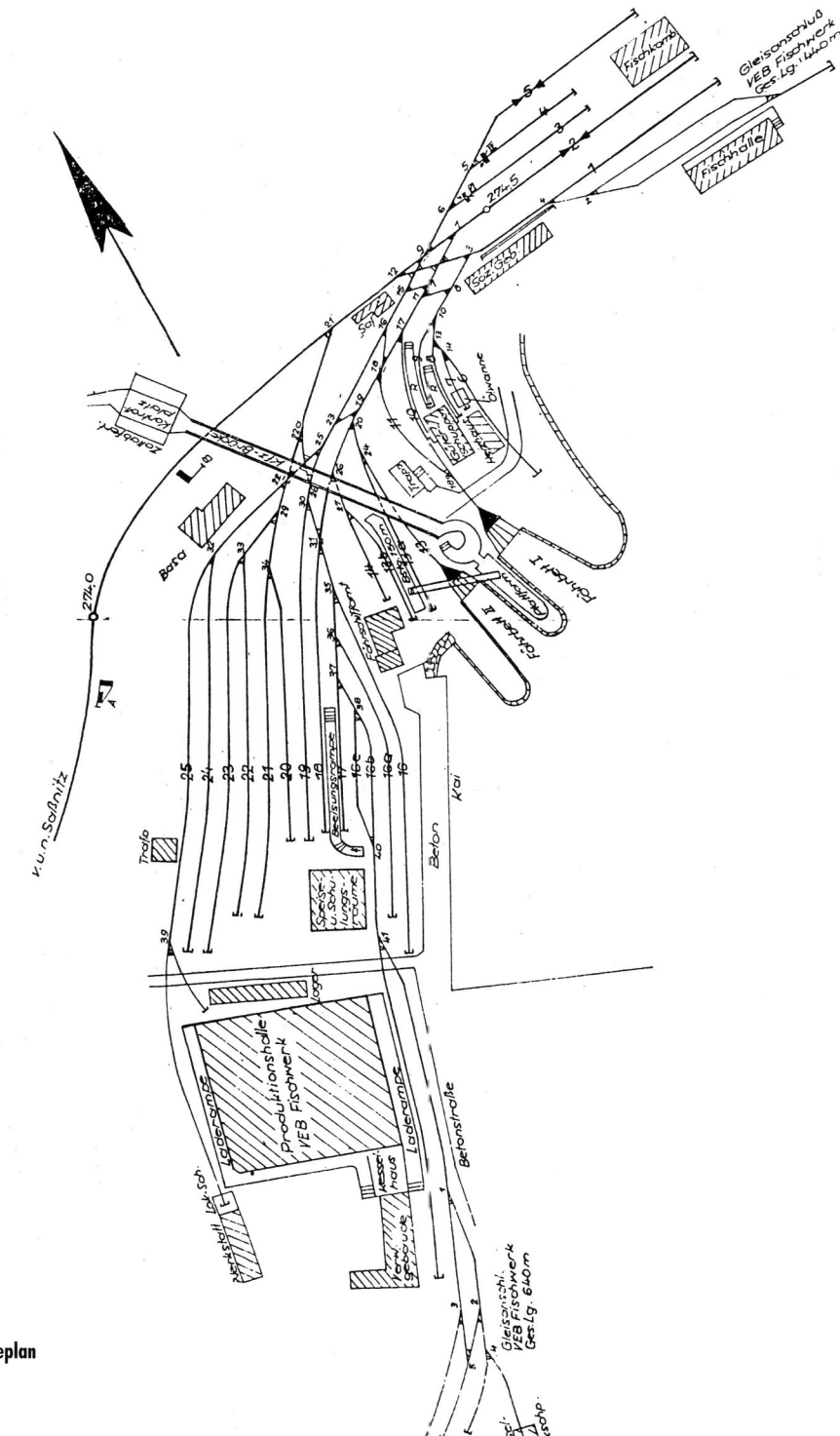

Bf Sassnitz Hafen, Lageplan

Erinnern wir uns an die Postdampfer, die gerade 5000-6000 t pro Jahr schafften. Die vier Fährschiffe hatten bereits vor dem 1. Weltkrieg ihre Leistungsgrenze erreicht. Aber das geplante fünfte Schiff konnte infolge des Krieges und der Weltwirtschaftskrise erst später beschafft werden. Am 20. Januar 1931 kam das auch als Eisbrecher einsetzbare schwedische FS *Starke* hinzu. Die Reedereien hatten aus einigen »Eiswintern« die Lehren gezogen. Gegenüber den Postschiffen konnte die Reisezeit der Züge zwischen Berlin und Stockholm um rund fünf Stunden verkürzt werden.

Aber nicht deshalb wurde diese Route »Königslinie« genannt. Um diesen Namen ranken sich viele Geschichten. Dazu einige Anmerkungen:
- Teilnahme des deutschen Kaisers und des schwedischen Königs bei der Eröffnungsfahrt,
- Schwedische Könige wählten diese Schiffsroute schon im 17. und 18. Jahrhundert,
- Majestätisch ziehen die Fährschiffe der Linie Sassnitz–Trelleborg am 119 m hohen »Königsstuhl« vorbei,
- Größte Eisenbahnfährverbindung Skandinavien–Europa u.a.

Der Fährverkehr entwickelte sich bis zum Zweiten Weltkrieg positiv weiter. Am 26. November 1944 wurden die schwedischen Häfen für deutsche Schiffe gesperrt. Sie dienten anschließend der Kriegsmarine. Im März 1945 zerstörte ein amerikanischer Bombenangriff fast die gesamten Anlagen des Sassnitzer Hafens.

Nach Beendigung des Krieges gingen Eisenbahner und Baubetriebe an den Wiederaufbau des Rügendammes und der Fähranlagen. 1947/1948 waren die Anlagen behelfsmäßig wiederhergestellt. Am 16. März 1948 wurde die Sassnitz-Trelleborg-Linie mit den schwedischen Schiffen *Drottning Viktoria, Konung Gustav V.* und *Starke* wiedereröffnet. Zehn Jahre später betrug der Umschlag im Güterverkehr fast 580 000 t, aber auch schon 3000 Kraftfahrzeuge wurden trajektiert. Der internationale Reise- und Güterverkehr auf der Straße nahm stark zu und verlangte ebenfalls nach einer neuen Fährschiffgeneration. Wollte die ST-Linie ihre führende Stellung im Ostseeraum behalten, mußten größere, kombinierte Schiffe beschafft werden. Für die Landanlagen machte sich zur Aufnahme dieser Schiffe ein Umbau erforderlich. Am 25. April 1958 setzten die schwedischen Staatsbahnen ihre neue viergleisige Großfähre *Trelleborg I* für den Transport von Eisenbahnwagen und Kraftfahrzeugen ein.

Am 06. Juli 1959 folgte seitens der Deutschen Reichsbahn die ebenfalls viergleisige Fähre *Sassnitz I*. Damit waren die Voraussetzungen geschaffen, ab 1961 die ersten TEEM-Züge (Trans-Europ-Express-Marchandises) über die Strecken der DR und die Fährlinie zu führen.

Die Fährschiffe *Sassnitz I und II* sollen hier der *Preußen* gegenübergestellt werden, um die neuen Dimensionen – auch für den Ausbau der Fährbetten – zu erkennen (siehe Tabelle):

Bezeichnung	*Preußen*	*Sassnitz I*	*Sassnitz II*
Länge ü.a.	113,80 m	137,50 m	171,50 m
Breite	16,26 m	18,80 m	23,70 m
Tiefgang	4,90 m	5,78 m	5,80 m
Gleislänge	160 m	380 m	710 m
Geschwindigkeit	16 Knoten	18 Knoten	20 Knoten

FS *Rügen* in der Fähranlage in Sassnitz.

Ab 06. Juli 1959 nutzten die neuen Schiffe die rekonstruierte Fähranlage in Sassnitz Hafen. Gleichzeitig waren auch die Anlagen in Trelleborg erweitert worden. In Sassnitz errichtete die DR ein modernes Abfertigungsgebäude, baute das Fährbett I um und stattete es mit einer neuen Eisenbahnlandebrücke mit einer Fünf-Wege-Weiche aus. Die Eisenbahnlandebrücken stellen das höhenverstellbare Bindeglied zwischen den Gleisanlagen des Fährbahnhofs und den Gleisen der Fährschiffe dar. Mit ihnen lassen sich die veränderlichen Tauchtiefen und Wasserstände sowie die Schiffskränkungen ausgleichen. Die Landebrücke besteht aus zwei je 25 m langen, hintereinander angeordneten und gelenkig miteinander verbundenen stählernen Überbauten. Sie sind an den Mittel- und Seepfeilern höhenveränderlich aufgehängt.

Mit den Landebrücken lassen sich bis zu 1,30 m voneinander abweichende Tauchtiefen der Fährschiffe und Wasserspiegelschwankungen gegenüber MW von +/- 1,10 m ausgleichen /13/. Die bereits 1957 in Betrieb genommene Kraftfahrzeugbrücke ist ein Teil der Verbindung zwischen dem öffentlichen Straßennetz und den Wagen- und Kraftfahrzeugdecks der Fährschiffe.

In den Jahren 1975-1977 erfolgte die Rekonstruktion des Fährbettes II für den Einsatz der neuen Fähren. Die Eisenbahnlandebrücke wurde analog zu der am Fährbett I ausgerüstet. 1984 erweiterte die DR nochmals das Fährbett I.

Fährhafen Trelleborg

Auf der Route zwischen Sassnitz und Trelleborg waren insgesamt 15 Fährschiffe im Volleinsatz (in Klammern Jahr der Indienststellung):

Preußen (1909), Deutschland (1909), Drottning Victoria (1909), Konung Gustav V. (1910), Starke (1931), Trelleborg I (1958), Sassnitz I (1959), Skone (1967), Stubbenkammer (1971), Rügen (1972), Svealand und Götaland (1973), Rostock (1977), Trelleborg II (1982) und Sassnitz II (1989).

Alle Fährschiffe wurden als Heckanleger konstruiert.

Aufgrund des Einsatzes der größeren Trajekte entwickelte sich der Güterumschlag auf der Linie wie folgt:

1949	120 Tt
1959	700 Tt
1976	3200 Tt
1988	4800 Tt
1996	2500 Tt

Die nach einem »Segelplan« verkehrenden schwedischen und deutschen Hochseefähren konnten die Zeit einer Überfahrt von 4,5 auf heute 3,5 Stunden reduzieren.

Wir haben schon erwähnt, daß der Standort Sassnitz Hafen nicht nur Vorteile aufweist. Seine Lage ist sehr eingeengt. Zwischen dem Bf Sassnitz und dem Hafen überwindet die Eisenbahnstrecke die Steilküste mit einer Neigung von 27‰. Die Achszahl der Züge ist begrenzt. Daneben beeinträchtigen auch die Neigungsverhältnisse auf der Strecke Lietzow–Sassnitz (z.T. 13‰) die Leistungsfähigkeit negativ.

So begann die DR bereits in den Jahren 1937-1939 den Bau einer Verbindungsbahn vom Hafen über Mukran nach Lietzow, um die Steilstrecken zu umgehen. Geplant war diese Trasse schon einmal vor 1914. Beide Projekte fielen den Kriegen zum Opfer.

Im Jahre 1996 begannen in Mukran die Arbeiten zum Ausbau des dortigen Fährhafens, um nun endgültig Voraussetzungen zur Verlagerung des Trajektverkehrs nach Schweden zu schaffen. Am 07. Januar 1998 um 7.15 Uhr verließ die Fähre *Trelleborg* zum letzten Mal den Sassnitzer Hafen. Von nun an beginnt die »Königslinie« am neuen Skandinavien-Terminal im »Fährhafen Sassnitz«.

10.4 Die Eisenbahnfährverbindung Mukran–Klaipeda (Memel)

Der Warenaustausch zwischen der DDR und der UdSSR hatte in den 80er Jahren Dimensionen angenommen, die erkennen ließen, daß die vorhandenen Eisenbahn- und Seeverkehrsverbindungen in ein paar Jahren ihre Kapazitätsgrenzen erreichen werden. Hinzu kam die »unsichere politische« Lage in Polen. Es mußte eine auf lange Sicht berechnete, effektive Lösung für den Gütertransport zwischen beiden Ländern gefunden werden.

Nach umfangreichen Variantenuntersuchungen entschied man sich für den Bau einer leistungsfähigen Eisenbahnfährverbindung zwischen den Häfen Mukran auf der Insel Rügen und Klaipeda an der litauischen Ostseeküste. Ausgehend von dem Ziel, auf dieser Route rund ein Drittel aller Transporte zwischen beiden Partnern zu bewältigen, wurde festgelegt, bis 1989 sechs Fährschiffe in weitgehend gleicher Ausführung zu bauen, von denen jedes etwa 100 Breitspurwagen aufnehmen kann. Beide Seiten vereinbarten, daß die Fähren für Wagen russischer Spurbreite (1520 mm) ausgelegt und ein Umspuren bzw. Umladen im Hafengelände Mukran vorgesehen werden. Um das geforderte Transportvolumen (5,3 Millionen t/Jahr) bewältigen zu können, forderten die Auftraggeber einen möglichst kurzen Umschlagzyklus. Jedes Schiff sollte in jeweils 48 Stunden eine Rundreise machen (20 Stunden Fahr- und vier Stunden Hafenliegezeit) und 900 000 t Güter im Jahr befördern /14/.

Aus dem Variantenvergleich ergab sich Mukran als günstiger Standort. Ausgehend von Klaipeda ist die Seeverbindung nach dort die kürzeste der möglichen Routen (506 km). Eisenbahnseitig konnte Mukran an die Strecke Stralsund–Sassnitz angeschlossen werden. Ab Stralsund bestehen Verbindungen nach Rostock und über Neubrandenburg bzw. Pasewalk nach Berlin und von dort in den mitteldeutschen Raum. Straßenseitig sah es nicht so gut aus, da ein direkter Autobahnanschluß fehlt. Für Straße und Schiene besteht der Engpaß in der nur durch den Rügendamm gegebenen Anbindung an das Festland.

Der Fährhafen war, ausgehend von den Standortbedingungen – nur 4,5 km Ausdehnung zwischen Küste und Fernverkehrsstraße Stralsund–Sassnitz – als Molenhafen in die offene See hinaus zu bauen. Bereits in rund einem Kilometer Entfernung von der Küste wird die notwendige Wassertiefe von 10 m für die Fährschiffe erreicht, so daß keine Fahrrinne außerhalb der beiden Molenköpfe notwendig ist. Die Nähe zum Tiefwasser war somit ein weiterer Standortvorteil. Die Baustelle wurde am 21. April 1982 eröffnet und am 02. Oktober 1986 konnte die Fährroute mit

Zwei-Etagen-Brücke in Mukran.

Umladehallen im Bf Mukran.

der deutschen Eisenbahngüterfähre *Mukran* in Betrieb genommen werden.

Die wichtigsten Fähranlagen in Mukran sollen an dieser Stelle genannt werden:

Der Fährhafen wird durch die Molenbauwerke vor Wellengang und Eis geschützt. Imposant ist die Nordmole mit 1320 m Länge. Innerhalb dieser Bauwerke wurde eine Wendeplatte für die Trajekte mit 600 m Durchmesser und einer Wassertiefe von 9,50 m ausgebaggert. Die Fährschiffe machen am Fähranleger fest, der als Fingerpier 300 m lang und 22 m breit in den Hafen ragt.

Die Fährbrücke ist als Zwei-Etagen-Brücke ausgelegt, die im Zusammenspiel mit den Verholfendern und der Schiffskränkungs-Ausgleichanlage die auftretenden Schiffsbewegungen, Wasserstandsschwankungen und unterschiedlichen Tauchtiefen der Schiffe ausgleicht. Gleichzeitig wird in der Längsachse der Gleise die Einhaltung eines maximalen Knickwinkels garantiert, der das störungsfreie Auf- und Abrollen der Wagen gewährleistet. Die Be- und Entladung in zwei Ebenen ermöglicht die kurzen Hafenliegezeiten von nur vier Stunden.

Der Fährbahnhof war eine der größten Neubauten von Bahnhofsanlagen in der ehemaligen DDR. Er erstreckt sich knapp 1 km breit und über 4 km tief ins Land. Der Bahnhof verfügt über jeweils ein geschlossenes System für Breit- und Normalspurwagen mit den erforderlichen Gleisgruppen für ein- und ausgehende Züge sowie für die Zugzerlegung.

Zwischen Lietzow und Sagard ist der Bf Mukran über die Abzweigstelle Borchtitz an das Bahnnetz angeschlossen. Es wurden über 80 km Gleise mit rund 280 Weichen verlegt und zwei moderne Gleisbildstellwerke errichtet. Die Umladeanlagen, zu denen zwei Hallen, bekrante Freianlagen und weitere Einrichtungen gehören, ermöglichen eine hohe Arbeitsproduktivität. Für die Umachsung der Breitspurwagen auf die Normalspur der deutschen Eisenbahnen stehen eine Halle und eine Freianlage zur Verfügung. Dazu kommen zahlreiche Funktions-, Verwaltungs- und Sozialgebäude, die den Komplex vervollständigen.

Während der Fährbahnhof im Verantwortungsbereich der DR lag, gehörten die Hafenanlagen und Schiffe zum Kombinat Seeverkehr und Hafenwirtschaft. Um das geforderte Transportvolumen von jährlich 5,3 Millionen t bewältigen zu können, wurden zunächst sechs Eisenbahnfähren bei der Mathias-Thesen-Werft in Wismar in Auftrag gegeben. Davon sollten drei Großfähren unter der Flagge der DDR und drei unter sowjetischer Flagge fahren. Die Werft baute insgesamt fünf Schiffe in weitgehend gleicher Ausführung. Die erste Fähre – die *Mukran* – wird

Der neue Skandinavien-Terminal in Mukran, 1998.

hier mit den wichtigsten Konstruktionsmerkmalen vorgestellt:

Länge über alles	190,90 m
Breite auf Spanten	26,00 m
Tiefgang im Ladefall	6,61 m
Geschwindigkeit im Ladefall	16,5 Knoten
Gleislänge (fünf Gleise je Deck)	1578 m
Spurweite	1520 mm
Ladekapazität	103 Breitspurwagen

Die Großfähre ist ein Zweideckschiff, das ohne schiffseigene Lifts von Land aus in zwei Ebenen bedient wird.

Indienststellung der einzelnen Fähren: Mukran (1986), Klaipeda (1987), Vilnius (1987), Greifswald (1988), Kaunas (1989).

Bereits 1989 überbot die Fährroute das konzipierte Transportvolumen. Es erreichte einen Umfang von 5,5 Millionen t. Nach der Wirtschafts- und Währungsunion und dem Wegbrechen des Osthandels erlitt der Fährverkehr erhebliche Einbußen. Die Reederei reagierte 1991 mit dem Umbau von zwei Großfähren *(Greifswald, Klaipeda)* für den Transport von Lastkraftwagen, Trailern und Passagieren. Doch die gewaltigen Kapazitäten des Bahnhofs, des Hafens und der Schiffe werden bei der gegenwärtigen Marktlage nur zu einem geringen Teil genutzt. 1996 schlug der Hafen Mukran 1,67 Millionen t um, davon 1,44 Millionen t für die Großfähren.

Fährbrücke des neuen Skandinavien-Terminals in Mukran, 1998

In den Jahren 1996/1997 herrschte erneut eine rege Bautätigkeit im Fährhafen. Mit einem Aufwand von 175 Millionen DM entstanden umfangreiche Anlagen zur Aufnahme des Fährverkehrs Sassnitz–Trelleborg. Dazu gehörten u.a. die Ausbaggerung des Hafenbeckens auf eine Wassertiefe von 10,50 m, die Errichtung einer 310 m langen Fingerpier, die 62 m lange und 24 m breite mit zwei Gleisen ausgerüstete Fährbrücke sowie neue Empfangs- und Abfertigungsgebäude für die Passagiere.

Die Fahrgäste gelangen über einen hohen Brückengang in das Gebäude bzw. auf das Schiff.

Mit dem Ablegen der DFO-Fähre *Sassnitz* am 07. Januar 1998 um 13.00 Uhr wurde eine neue Ära in der Geschichte der »Königslinie« eingeleitet und der leistungsfähigste Fährhafen im Ostseeraum in Betrieb genommen. Die Gesamtanlage trägt nun den Namen »Fährhafen Sassnitz«.

An den drei Fingerpiers mit insgesamt acht Liegeplätzen werden allerdings nicht nur Fähren an- und ablegen, sondern auch Kreuzfahrtschiffe und ganz normale Frachtschiffe.

Trotz seiner Vorteile – keine Lotsenpflicht, keine Revierfahrt – wird die Entwicklung des Hafens maßgeblich von der Verkehrsinfrastruktur in Mecklenburg-Vorpommern abhängen. Dies betrifft vor allem den zügigen Bau der Küstenautobahn A 20 sowie die zweite Eisenbahn- und Straßenanbindung Rügens.

11

Katastrophen, Unfälle, Kuriositäten

11.1 Endlich erhält Stralsund einen Eisenbahnanschluß

Beginnen wollen wir dieses Kapitel mit einer kleinen Geschichte, die sich vor dem eigentlichen Bahnbau abspielte. Bekannt sind die jahrelangen Debatten über den günstigsten Weg von Berlin nach Stralsund. Es gab eifrige Verfechter des kürzeren Weges über Neustrelitz und andere, die über Prenzlau und Pasewalk die nördliche Uckermark und Vorpommern durch die Eisenbahn erschließen wollten. Besonders engagiert für die erste Variante setzte sich der Stralsunder Landtagsabgeordnete A.T. Kruse ein. Seinen Einfluß in Stettin und Berlin nutzend, fand er immer wieder treffliche Argumente für seine »Lieblingsstrecke«. Geflügelte Worte waren bei ihm die Bezeichnungen »gerader Weg« für die Linienführung über Neustrelitz und »krummer Weg« für die durch Vorpommern. Als wichtigen Transportgegenstand betrachtete er neben Getreide, Vieh und tierischen Produkten den »Fisch«. Zitieren wir seine Begründung:

»Es wird bei letzterem vorausgesetzt, daß jeder in Berlin und an der Bahn in den Binnenstädten und daneben wohnende Mensch wöchentlich ein halbes Pfund Seefische ver-

Der »Staatseisenbahn-Verein Stralsund« freut sich über seine gelungene »Modelleisenbahn«.
Sammlung H. Vogel

Einladung zur Eröffnung der Vorpommerschen Eisenbahn, Stadt Stralsund

zehrt. Das ergibt einen Transport von etwa 2000 Zentnern wöchentlich. Der Verfasser der Denkschrift verspricht sich erweiterten Absatz für den Fisch durch stärkeren Konsum an der Küste, Vermehrung der Fischer, entstehend durch lohnenden Absatz, vergrößerten Ertrags, er glaubt sogar, daß die dänischen Fischer aus Bornholm, Moen, vom Gat und Kattegat ihre Ware anliefern würden, und kommt zu dem Ergebnis eines Umschlages von 100 000 Zentnern jährlich« /2/.

Wer wollte da noch an der Rentabilität dieser Eisenbahn zweifeln. Aber die besten Beweisführungen helfen nichts, wenn das liebe Geld fehlt. So entschied Prinzregent Wilhelm mit »Höchsteigenhändiger Unterschrift« am 21. Juni 1861, daß die Berlin-Stettiner Eisenbahngesellschaft die Bahn von Angermünde nach Stralsund bauen durfte.

Bereits als im Dezember 1860 der »Neu-Vorpommersche Communal-Landtag« in Stralsund der Trasse durch die Uckermark und Vorpommern zugestimmt hatte, bekamen die Stralsunder Bürger Zweifel am Projekt von A.T. Kruse. Eine Eisenbahn wollten sie schließlich unbedingt haben. So machte sich im Frühjahr 1861 eine Deputation des Bürgervereins auf den Weg nach Berlin, um dem Herrn Handelsminister zu versichern, daß die von dem Abgeordneten Kruse vertretene Ansicht nicht die der Stralsunder Bürger sei. In der Audienz wies der Minister » ... in kühler und wenig freundlicher Weise auf die vielfachen Bestrebungen des Herrn Abgeordneten Kruse gegen das von der Staats-Regierung vorgelegte Eisenbahnprojekt hin ... « und freute sich nun über die Einsicht der Bürgerschaft. Diese versprach eine Petition mit den Unterschriften der Einwohner der Stadt an das hohe Haus der Abgeordneten zu senden, um die verfassungsmäßige Bewilligung für den Eisenbahnbau zu erhalten.

Die Bürger taten Recht daran, denn die sogenannte »Nordbahn« wurde erst über 14 Jahre später errichtet.

Ob für den relativ kurzen Besuch des Königs zur Einweihungsfeier die zögerliche Haltung der Stadt Stralsund zur Linienführung durch Vorpommern, die Querelen mit dem Landtagsabgeordneten Kruse oder die Freundschaft zum Fürsten Putbus den Ausschlag gaben, wissen wir nicht. Als der Bürgermeister die Einladung des Magistrats der Hansestadt zur Inbetriebnahme der Angermünde-Stralsunder Eisenbahn überbrachte, erhielt er jedenfalls den Bescheid, daß die Allerhöchsten Herrschaften bereits eine Einladung Sr. Durchlaucht des Fürsten Putbus Folge gegeben hätten. So war der König mit seinem engsten Gefolge nur am 26. Oktober nachmittags und am 27. vormittags in Stralsund anwesend. Übernachtet wurde im Schloß zu Putbus. Die vorgesehene große Illumination am Abend des 26. fand somit zum Leidwesen der Einwohner und Gastwirte nicht statt. Den Fürsten Putbus ernannte der König zum »Erboberlandesmundschenk«. Offenbar hatte es Sr. Majestät in der fürstlichen Residenz ausgezeichnet gemundet.

Der Kaufmann Ludwig Tiedemann kreierte 1863 den »Stralsunder Eisenbahn=Liqueur in Original=Flaschen á 15 Silbergroschen« - ob aus Königstreue, Euphorie oder Geschäftssinn bleibt sein Geheimnis.

11.2 Die Eisenbahnkatastrophe an der Wackerower Brücke

»Land unter« ist eine schreckliche Vision aller Küstenbewohner. Leider blieb auch Greifswald davon nicht verschont. Mehrfach setzten Überschwemmungen das Land in und um die Stadt unter Wasser. Hier soll von der Sturmflut vom 12./13. November 1872 berichtet werden. Die Chronik erzählt von großen Verwüstungen, Häuser stürzten ein, 60 Familien wurden obdachlos, Tote waren zu beklagen. Die Flutmarke zeigte etwa 3 Meter über Normalnull (NN).

In den Morgenstunden des 13. November kam es zu einer Eisenbahnkatastrophe an der Wackerower Brücke bei Greifswald. Die an den Bahndamm prallenden Wassermassen hatten ihn an mehreren Stellen unterspült, ebenfalls die Fundamente der Eisenbahnbrücke über den Ryck. Der erste von Stralsund kommende Personenzug stürzte hier in die Fluten. Das Greifswalder Wochenblatt vom 13. November 1872 machte folgende Ausführungen zu diesem Unglück:

»Die seit gestern tobende Sturmflut, von einer Gewalt und einem Umfange, wie sie hier vielleicht noch nicht vorgekommen sein mog, ist seit heute Mittag im Fallen und hat uns hier am Ryck ein Bild grausiger Verwüstung hinterlassen.

Über den heute Vormittag zwischen Wackerow und hier verunglückten Personenzug durch Senkung der Ryckbrücke sind uns aus guter Quelle folgende Einzelheiten mitgeteilt: Schwerverwundet ist der Schaffner, leicht verwundet ein Lokomotivführer, sämtliche Passagiere sind gerettet. Als höchst wahrscheinlich wird gemeldet, daß der Polizei-Sergeant Niemann von hier, der vermittels eines Bootes mit mehreren Anderen dem Zug zu Hilfe geeilt war, in den Fluten seinen Tod gefunden hat« /2/.

Betrachten wir auf der Unfallskizze den Ort des Geschehens, müssen wir den glimpflichen Ausgang für die Reisenden als eine glückliche Fügung empfinden. Sicher liegt dies auch daran, daß der Frühzug aus Stralsund - denken wir an die Wetterunbilden - nur schwach besetzt war.

»Große Verluste« meldete das Kaiserliche Postamt in Greifswald an die Polizeidirektion:

»Von den bei Gelegenheit des Eisenbahnunfalles am 13. vergangenen Monats aus dem zertrümmerten Postwagen weggeschwemmten Poststücken fehlen gegenwärtig

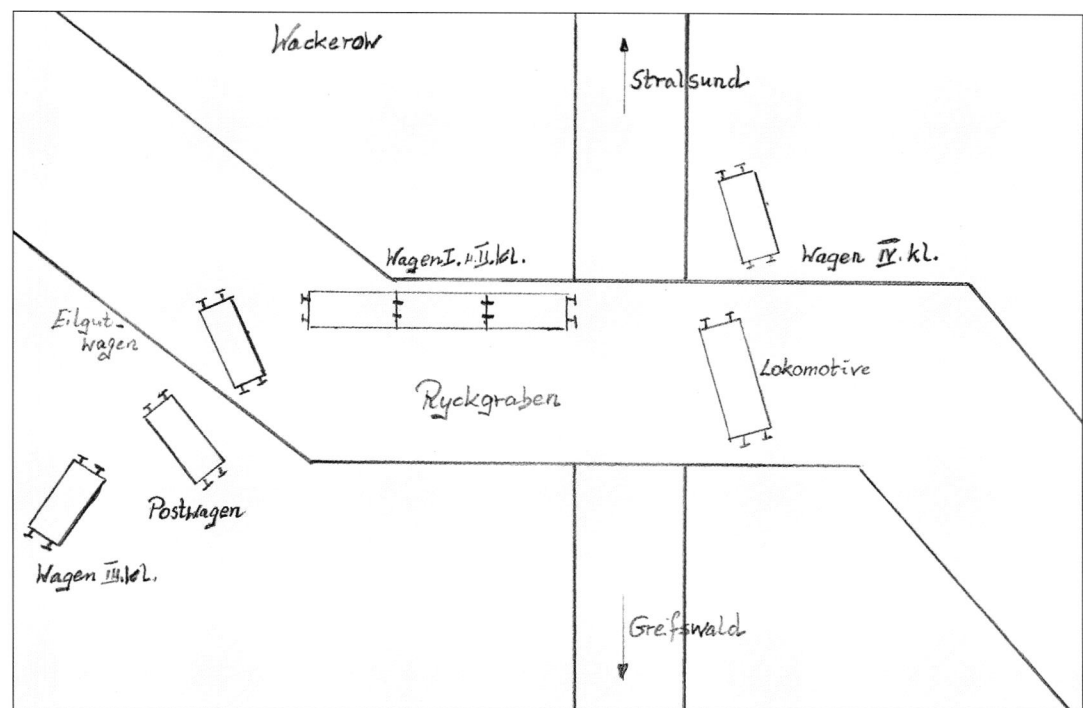

Skizze zum Unfall an der Ryckbrücke bei Greifswald während der Sturmflut am 13. November 1872.

noch ca. 50 Stücke. Bemerkt wird noch, daß außerdem ca. 970 Thaler in Papiergeld fehlen ... «.

Ein beigefügtes Verzeichnis gibt Aufschluß über den Inhalt der Pakete: Gänse (11. November war der Martinstag), 1000 Stück Zigarren, Butter, Schmalz, Würste, Bücher, Strümpfe, Uniformsachen und ein antiker Teller. Die Post stellte weiter fest:

»Da es auffällig ist, daß eine so große Zahl dieser Sendungen nach Abfluß des Wasser nicht wieder zum Vorschein gekommen ist, so gewinnt die Voraussetzung an Wahrscheinlichkeit, daß wenigstens ein Teil der fehlenden Pakete gefunden, aber deren Inhalt nicht abgeliefert worden ist« /2/.

Das Direktorium der BSTE mußte wegen der zerstörten Brücke den Zugverkehr zwischen Greifswald und Miltzow bzw. Stralsund einstellen. Erst am 03. Dezember hatte sie eine Behelfsbrücke errichtet und den Eisenbahndamm soweit hergestellt, daß Züge wieder fahren konnten. Die Fahrzeit erhöhte sich allerdings wegen der Langsamfahrstellen in den notdürftig reparierten Abschnitten zwischen Greifswald und Stralsund um 15 Minuten.

Im Mai 1873 waren die Bahnanlagen soweit wiederhergestellt, daß die Fahrzeitverlängerung nur noch fünf Minuten betrug. Erst 1876 baute die BSTE einen neuen schweißeisernen Überbau in die Wackerower Brücke ein.

Zusammenfassend ist festzustellen, daß die Sturmflut im November 1872 zu den größten Naturkatastrophen gehörte, die die Vorpommersche Eisenbahn je trafen. Der Schaden war immens – sieben Wagen und eine Lokomotive zertrümmert, riesige Schäden an der Brücke und weiteren Bahnanlagen, 20 Tage mußte der Zugverkehr zwischen Greifswald und Stralsund unterbrochen werden und die Stralsunder Hafenbahn war ebenfalls stark zerstört. Verletzte Eisenbahner und der Tod des Polizisten Niemann waren zu beklagen.

11.3 Der erste D-Zug auf dem Greifswalder Bahnhof

Ab 01. November 1863 fuhr man von Greifswald in der I.-IV. Wagenklasse - je nach vorhandenem Geldbeutel - in 6 Stunden nach Berlin, in 3,5 Stunden nach Stettin oder in nur einer Stunde nach Stralsund. Die Stadt war der Welt ein Stück näher gerückt.

Doch schon bald ging es den Reisenden nicht mehr schnell genug. Die Mehrheit der Bürger hatte sich an die rasenden und dampfenden »Ungeheuer« auf den Schienen gewöhnt. In Greifswald wollten besonders die Kaufleute und die Angehörigen der Universität in kürzerer Zeit die pommersche Provinzhauptstadt bzw. die kaiserliche Residenz Berlin erreichen. Sie forderten vehement eine Schnellzugverbindung für die Universitätsstadt. Ein »Dorn im Auge« war den Greifswaldern dabei die Tatsache, daß in der Relation Berlin–Ducherow–Swinemünde bereits ab 1890 Schnellzüge verkehrten. Der Magistrat wandte sich auf Veranlassung der Kaufmanns-Compagnie am 12. März 1890 mit der Forderung einer Schnellzugverbindung nach Berlin an die zuständige Eisenbahndirektion. Es wurde vorgeschlagen, den Schnellzug von Berlin nach Ducherow bis in die Hansestadt zu verlängern. Die Königliche Direktion versprach, die Angelegenheit zu prüfen. Da eine positive Antwort auf sich warten ließ, ging 1891 eine entsprechende Petition an das Ministerium für öffentliche Arbeiten nach Berlin.

1892 tritt der Greifswalder Gemeinnützige Verein in Aktion und fordert die Einrichtung eines Schnellzuges in die Landeshauptstadt:

»Dadurch wäre unsere Lage mit einem Schlage verbessert, unsere Brief-, Post- und Paketsendungen fänden in Berlin noch rechtzeitig, ebenso wie die Reisenden selbst, zahlreiche Anschlüsse nach den wichtigsten Verkehrsgegenden. Geschäftsleute wären in der erwünschten Lage, während der Hauptgeschäftszeit in Berlin ihren Aufträgen und Geschäften nachzugehen und könnten trotz der ungünstigen Lage des Stettiner Bahnhofes den Tag voll ausnutzen und noch am selben Abend nach Greifswald zurückkehren«.

Statt 5,5 sollte die Fahrtdauer dann nur noch rund 4 Stunden betragen. Doch mit dem Argument, daß in Greifswald zu wenig Reisende diesen Schnellzug nutzen würden, lehnte die Eisenbahnverwaltung die Anträge aus wirtschaftlichen Gründen immer wieder ab.

Als dann im Jahre 1896 eine Postdampferverbindung von Sassnitz nach Trelleborg vorbereitet wurde, ergab sich eine neue Chance für die Stadt. An die Schiffslinie sollte sich ein Kurier- bzw. Schnellzug Sassnitz–Berlin anschließen. Die Kaufmannschaft forderte ihren Magistrat auf, sich bei der Königlichen Eisenbahndirektion Stettin für eine Streckenführung über Angermünde–Greifswald einzusetzen. Nun hatten die Greifswalder offenbar bessere Karten, und die Presse konnte am 24. April 1897 berichten, daß mit dem Fahrplan ab 01. Mai der Schnellzug Berlin–Sassnitz über Greifswald geführt wird.

Denn nahte die große Stunde – am 01. Mai 1897 sollte der erste Schnellzug auf dem Greifswalder Bahnhof halten. Zitieren wir dazu das »Greifswalder Tageblatt«:

»Dienstag, der 04. Mai 1897.

Der erste Harmonika-Zug, der Greifswald mit seiner Anwesenheit beehrte, traf am Sonnabend, 5.21 Uhr Abends auf unserer Station ein. Zwei Lokomotiven, ein Post-, ein Gepäck- und fünf Personenwagen I.-III. Klasse sowie ein Restaurationswagen bildeten den Zug, der übrigens sehr schwer zu bewegen war, in Greifswald anzuhalten. Mit rasender Eile stürmte er vorwärts über das Ziel hinaus und mußte erst zurückgewinkt werden. Die erste Teilnahme von der hiesigen Station aus an dem neuen Beförderungswege bezifferte sich auf etwa sechs bis sieben Fahrkarten verschiedener Wagenklassen.

Daß sich zum Empfange des D-Zuges eine Anzahl Neugieriger aus unserer Stadt eingefunden hatte, bedarf wohl kaum besonderer Erwähnung«.

Die vierachsigen Durchgangswagen für die D-Züge erhielten Klappbrücken zum Übergang von einem Wagen zum anderen und einen Faltenbalg zum Schutz gegen Wind und Wetter. Der Faltenbalg verschaffte diesen Zügen im Volksmund den Namen »Harmonikazug«.

Im aktuellen Fahrplan bedienen neun InterRegio- bzw. D-Zug-Paare die vorpommersche Stadt. Die Fahrzeit von Greifswald nach Berlin ist auf zwei Stunden und 30 Minuten geschrumpft.

11.4 Der Schneewinter 1978/1979

Den harten Winter 1978/1979 werden die Eisenbahner wohl lange im Gedächtnis behalten. Die »1. Welle« brach zum Jahreswechsel über den besonders betroffenen östlichen Teil der Reichsbahndirektion Greifswald herein. Ab dem 28. Dezember 1978 war anhaltender Schneefall zu verzeichnen. Gepaart mit einem heftigen Sturm legten sich bald meterhohe Schneewehen über die Gleise. Am 30. Dezember mußten bereits einige Strecken gesperrt werden. Davon waren betroffen:

Ducherow–Anklam–Züssow, Miltzow–Abzweig Stralsund Rügendamm und die Verbindung zum Kernkraftwerk Greifswald-Lubmin.

Hier war der Schneepflug entgleist und Schneeräumkräfte mußten versuchen, mit Schaufel und Spaten die Strecke wieder befahrbar zu machen. Über 30 Stunden waren Eisenbahner, Bauarbeiter und Soldaten im Einsatz und kämpften verbissen gegen bis zu vier Meter hohe Schneebarrieren und eisigen Sturm an. Erst am 03. Januar 1979 um 18.30 Uhr konnte der Zugbetrieb wieder aufge-

Der Schneepflug entgleiste zwischen Greifswald und Groß Kiesow.

So hoch lag der Schnee auf der Insel Rügen.

nommen werden. Bis dahin mußten die notwendigen Bedienungskräfte mit dem Hubschrauber in das Atomkraftwerk geflogen werden. Noch am 04. Januar war die Hauptstrecke in zahlreichen Abschnitten nur eingleisig befahrbar. 200 m lange Schneewehen in Klein Bünzow, Groß Kiesow und mit einem Ausmaß von ca. 600 m im Einschnitt vor dem Bf Miltzow sowie an der Ausfahrt Bf Wüstenfelde behinderten den Eisenbahnbetrieb.

Noch härter traf die »2. Welle« im Februar 1979 die Eisenbahn in der Uckermark und in Vorpommern. Es begann am 11. Februar mit starken Schneefällen und Wind auf der Insel Rügen. Strecken mußten gesperrt werden, Schneewehen blockierten sie. Vom 14. Februar, 16.35 Uhr, bis 19. Februar, 15.15 Uhr, ruhte der Fährverkehr Sassnitz–Trelleborg.

Am 13. Februar setzten starke Schneefälle ein – verbunden mit in der Nacht zum 14. Februar heftig anschwellendem Sturm. Zwischen Angermünde und Stralsund bildeten sich lange Abschnitte mit 3-5 Meter hohen Schneewehen. Die eingesetzten Schneepflüge versagten ihren Dienst und entgleisten teilweise. Die Rbd sperrte Teile der Strecken tagelang für den Zugverkehr (beide Richtungen). Einige Beispiele:

Angermünde–Prenzlau	15.02.	18.20 Uhr –	20.02.	16.30 Uhr
Ducherow–Anklam	14.02.	8.23 Uhr –	17.02.	21.18 Uhr
Anklam–Züssow	14.02.	8.30 Uhr –	18.02.	17.00 Uhr
Züssow–Greifswald	14.02.	7.30 Uhr –	18.02.	18.15 Uhr
Greifswald–Stralsund	14.02.	6.20 Uhr –	19.02.	12.35 Uhr

Schneeschleuder zwischen Greifswald und Stralsund im Einsatz.

Das ganze Ausmaß dieser Katastrophe wird anhand folgender Fakten noch deutlicher:

Am 17. Februar 1979, 22.00 Uhr befanden sich auf den Bahnhöfen des Rbd-Bezirkes 4319 Reisende, die ihr Reiseziel nicht erreichen konnten - davon 3615 zwischen Angermünde und Stralsund. Vom 14.-17. Februar wurden keine Rangierarbeiten ausgeführt, das hatte 85 Güterzüge im Rückstau zur Folge. 32 Kreuzungs- und Überholungsgleise mußten gesperrt werden, zeitweise lagen bis zu 63 Lokomotiven in den Schneewehen fest bzw. hatten witterungsbedingte Schäden. Gewaltige Kraftanstrengungen der Eisenbahner und der vielen Helfer waren notwendig, um den Eisenbahnverkehr schrittweise wieder aufnehmen zu können.

11.5 Eine Lokomotive macht sich selbständig

Der langjährige Rangiermeister Otto Sommerfeld vom Bf Angermünde erinnert sich an folgende Episode aus seinem Eisenbahnerleben.

Am 16. November 1956 befand sich der Leerwagenzug 10 148 auf der Fahrt von Pasewalk nach Cottbus. Hinter Greiffenberg - etwa am Schrankenposten 4 (Überweg bei Görlsdorf) - erfolgte eine Zugtrennung zwischen der Vorspann- und der Zuglok. Die Lokpersonale versuchten gemeinsam den Schaden zu beheben. Da geschah das Unfaßbare. Die Vorspannlok setzte sich auf der eingleisigen Strecke allein in Richtung Angermünde in Bewegung.

Von dieser Situation durch den Weichenwärter des Stellwerkes Art verständigt, liefen der Rangierarbeiter Gerhard Fuchs und ich der sich nähernden Lokomotive entgegen. Wir sprangen auf die fahrende Lok auf und brachten sie auf dem Einfahrgleis 8 in Angermünde schließlich zum Halten. So konnte ein großes Unglück auf dem Bahnhof verhindert werden.

Rangiermeister Otto Sommerfeld und Gerhard Fuchs erhielten damals als Anerkennung die ersten verliehenen Verdienstmedaillen der DR vom Minister für Verkehrswesen überreicht. Außerdem ernannte dieser Otto Sommerfeld, damals noch Rangierleiter, zum Rangiermeister. Gerechter Lohn für eine mutige Tat!

11.6 Ein schwerer Eisenbahnunfall bei Ferdinandshof

Einer der schwersten Unfälle auf der Strecke zwischen Angermünde und Stralsund ereig-

Nr. 127. 1873.

Sonnabend, den 1. November. Siebenundzwanzigster Jahrgang.

Wahlmänner per Sonderzug – 1873

Angermünder Zeitung
und Kreisblatt.

Mit verbindlicher Publicationskraft für landräthliche Bekanntmachungen und Polizei-Verordnungen.

Erscheint wöchentlich 3 Mal: Dienstags, Donnerstags und Sonnabends. — Preis vierteljährlich 10 Sgr., durch die Post bezogen 12 Sgr. Alle Post-Anstalten nehmen Bestellungen an. Inserate werden in der Exped. d. Bl. bis spätestens Montag, Mittwoch und Freitag Nachmittag 3 Uhr angenommen.

Landräthliche Bekanntmachungen und Polizei-Verordnungen.

Extrazug von Angermünde nach Prenzlau und zurück am 4. November d. J.

Das Directorium der Berlin-Stettiner Eisenbahn-Gesellschaft hat auf meinen Antrag bestimmt, daß am Tage der Abgeordneten-Wahl, den 4. November d. J., für die Wahlmänner ein Extrazug von Angermünde nach Prenzlau und zurück gegen das tarifmäßige Fahrgeld eingestellt werde. — Die Abfahrt von Angermünde erfolgt 8 Uhr 30 Minuten Vormittags, so daß der Zug um 9 Uhr 36 Minuten in Prenzlau eintrifft, die Rückfahrt von Prenzlau erfolgt 5 Uhr 40 Minuten Nachmittags und trifft der Zug in Angermünde 6 Uhr 44 Minuten Abends ein. — Die Magisträte, Orts- und Gemeinde-Vorstände des Kreises ersuche ich, sämmtlichen Herren Wahlmännern ihrer Bezirke hiervon unverzüglich noch besondere Mittheilung machen zu lassen.

Angermünde, den 31. October 1873. Der Landrath von Buch.

---

nete sich am 26. April 1988. Der Lokführer des D 502 Saalfeld–Stralsund hatte in Berlin-Lichtenberg den Zug übernommen. Da er die Strecke sehr gut kannte, eine ausreichende Nachtruhe vor dem Dienst hatte und bis zum späteren Unfallzeitpunkt sieben Stunden im Dienst war, gab es keine außergewöhnlichen Begleitumstände für die Fahrt.

Zwischen Ferdinandshof und Borkenfriede kam es dann zum Unglück. Der D 502 stieß mit dem D 715 Binz–Leipzig zusammen. Die Lokomotiven beider Züge und drei Wagen entgleisten. Eine Reisende kam ums Leben und 28 Personen erlitten zum Teil schwere Verletzungen.

Ursache dieses Eisenbahnunfalles war das Überfahren eines Haltesignals durch den Lokführer des D 502 auf dem Bf Ferdinandshof. Er war im Moment der Vorbeifahrt am Signal unaufmerksam, und es konnte nicht genau geklärt werden warum. Ein Moment der Pflichtverletzung verursachte diesen schweren Unfall.

Hinzuzufügen ist, daß es zu diesem Zeitpunkt weder punktförmige Zugbeeinflussung noch Zugfunk auf dieser Strecke gab.

11.7 Der Pasewalker Bahnhofswirt

Vom Pasewalker Bahnhofswirt Brauns wird folgende Geschichte aus den 30er Jahren erzählt.

Wenn am Bahnsteig ein Personenzug hielt, begab er sich zum Lokführer und verwickelte ihn in ein Gespräch. Ihn interessierte einfach alles rund um dessen Person, und Dampflok-Fan war er auch. Ab und an reichte er wohl eine gute Zigarre zur Ermunterung seines Gesprächspartners auf den Führerstand hinauf. Mit großem Erschrecken stellte der Lokführer dann meistens fest, daß die Abfahrtzeit überschritten war und die Aufsicht mit hochrotem Kopf am Bahnsteig gestikulierte. Eine weitere Zigarre beruhigte ihn wieder. Er riß schnell seinen Regler auf und begab sich auf die Strecke. Bis Ducherow mußte er wieder »im Plan« sein.

Der listige Gastwirt schmunzelte und ging zu seinen Servierkräften, die in der Zwischenzeit Eis, Süßigkeiten und dergleichen an die Reisenden gebracht hatten. Seine Lieblingsobjekte waren die Bäderzüge nach Swinemünde mit den freigebigen Urlaubern. Die zwei Zigarren konnte er bei dem erzielten Verdienst sicher leicht verschmerzen.

12 Ausblick

135 Jahre sind seit der Eröffnung der Vorpommerschen Eisenbahn ins norddeutsche Land gegangen. Von den Anfängen bis in die Gegenwart ist ihre Geschichte von dem wechselvollen politischen und wirtschaftlichen Geschehen in der Region geprägt worden. In der Ära der Berlin-Stettiner Eisenbahngesellschaft diente sie der wirtschaftlichen Erschließung der nördlichen Uckermark und Vorpommerns durch Verkehre zum Strelasund und von Angermünde über die Stammbahn nach Berlin. Dem gehobenen Bürgertum der Metropole bot sie eine schnelle Verbindung zu den sich entwickelnden Bädern auf der Insel Usedom. Ihre Bedeutung wuchs nach der Jahrhundertwende im Regime der Königlich Preußischen Staatsbahnen mit der Aufnahme des internationalen Güter- und Reiseverkehrs über die Königslinie nach Skandinavien im Jahre 1909. Mit der Eröffnung des Rügendammes 1936 entfiel das Trajektieren über den Strelasund nach Rügen. Transitfrachten und Kurswagen via Schweden rollten nun bis zum Fährhafen Sassnitz.

Im Binnenland wuchsen mit dem Ausbau des Neben- und Kleinbahnnetzes die Aufgaben der Bahn in der Region. Die wirtschaftliche Entwicklung der Städte Stralsund, Greifswald, Anklam, Pasewalk und Prenzlau wurde durch die Präsenz der Bahn und die Ansiedlung vieler Eisenbahner mit geprägt.

Im Zweiten Weltkrieg änderte sich das friedliche Bild, als Truppentransporte und Fronturlauberzüge unter Mißbrauch der Neutralität Schwedens über die Fährlinie nach Norwegen verkehrten. Der Krieg hinterließ den Eisenbahnern ein schweres Erbe. Die Städte Anklam, Pasewalk und Prenzlau lagen in Trümmern, die Eisenbahnanlagen waren weiträumig in Mitleidenschaft gezogen. Demontagen erschwerten den Neubeginn. Nachdem im Herbst 1947 die Zerstörungen am Rügendamm beseitigt und die Schwedische Staatsbahn den Fährverkehr wieder aufnahm, wuchsen die Aufgaben der Strecke im Transitverkehr an. Die vermehrte Ansiedlung von Industrie in den fünfziger und sechziger

Bauvorhaben – wie hier auf dem Bf Miltzow – dienen dem weiteren Ausbau der Streckengeschwindigkeit.

Dieser Bereich des Bfs Stralsund wird einer Schönheitskur unterworfen.

Statistiker haben für die Personenbeförderung 1997 errechnet: In Mecklenburg-Vorpommern kommt auf 50 Fahrten mit dem Auto eine mit der Eisenbahn. Dieser Trend konnte bisher nicht gebremst werden. Im Güterverkehr sieht es nicht besser aus. Über drei Viertel der land- und forstwirtschaftlichen Produkte, der Nahrungs- und Futtermittel sowie Fahrzeuge, Maschinen und sonstige Halb- und Fertigwaren werden derzeit von Lastkraftwagen transportiert. Was macht die Eisenbahn, um attraktiver zu werden und ihren selbst gewählten Spruch in die Praxis umzusetzen?

Ein dichtes Netz von InterRegio- und Regional-Zügen bietet den Reisenden vielfältige Möglichkeiten zwischen Berlin und der Ostsee. Sukzessive wird versucht, die Geschwindigkeit der Züge zu erhöhen und die Pünktlichkeit zu verbessern. Die Entwurfs-Geschwindigkeit der Trasse Berlin–Angermünde–Stralsund beträgt 160 km/h. Die verfügbaren Investitionsmittel werden für diese Zielstellung eingesetzt.

Private Projekte befassen sich sogar mit dem Ausbau der Route Berlin–Fährhafen Sassnitz auf bis zu 200 km/h (Konsortium »Projektentwicklung Bahn«). Vorlauf hierzu bildet die Relation Budapest–Berlin.

Ein weiteres Projekt der DBAG sieht eine Schönheitskur für die Bahnhöfe vor – insbesondere für Stralsund. Er gehört zu den bundesweit 27 Bahnhöfen, die nach der Fertigstellung ein schöneres Gesicht erhalten sollen. Für den Bahnhof der Hansestadt will die

Jahren in der vormals vorwiegend landwirtschaftlichen Region, der Wiederaufbau der Städte, die Werftindustrie in Stralsund, die Raffinerien bei Schwedt/O. und der Ausbau des Fährbahnhofs Sassnitz, der Ferienverkehr an die Ostsee, Erntegüter in den Herbstmonaten und Militärtransporte verlangten den Eisenbahnern an der Magistrale das Letzte ab. Die Betriebslage entspannte sich mit dem zweigleisigen Ausbau und der Elektrifizierung der Strecke in den siebziger bzw. achtziger Jahren. Hinzu kamen neue Aufgaben im Transitverkehr mit dem Bau des Fährhafens Mukran.

Nach der Wiedervereinigung änderte sich die Rolle der Bahn.

Schwindende Leistungen im Güter- und Reiseverkehr und die Neustruktur der Deutschen Bahn kosteten vielen Eisenbahnern den Arbeitsplatz.

»Die Bahn kommt!« – mit diesem Slogan wirbt die Deutsche Bahn AG für mehr Verkehr auf der Schiene. Doch sie wird nicht mehr überall hinkommen. Soweit es das Umfeld unserer Strecke angeht, haben wir über Stillegungen und Schließungen geschrieben. Es werden nicht die letzten gewesen sein. Die

Hat die Eisenbahnverbindung Ducherow–Seebad Heringsdorf eine Chance? (Bf Seebad Heringsdorf)

DBAG Investitionen in Höhe von 15 Millionen Mark bereitstellen. Der an das historische Empfangsgebäude anschließende Querbahnsteig soll mit viel Glas gestaltet werden. Auf einer Gesamtfläche von 1500 qm ziehen Verkaufseinrichtungen ein. Der Reisende wird die Bahnsteige 5 und 6 künftig auch mit Aufzügen erreichen.

Im Januar 1998 wurde der neue Fährhafen Sassnitz auf der Insel Rügen eingeweiht. Er wird zum modernsten Fährhafen für Eisenbahnfahrzeuge, Lastkraftwagen, Autos und Passagiere im Ostseeraum ausgebaut. Aber die Eisenbahn- und Straßenzufahrt zur Insel stellt mit der derzeitigen Kapazität einen gewaltigen Engpaß dar. Die Anbindung an die Autobahn und ein zweiter Rügendamm/Tunnel mit dem 2. Gleis für die Eisenbahn sind ein dringendes Erfordernis in naher Zukunft. Die Entscheidungen hierzu haben auch gravierenden Einfluß auf die Entwicklung des Transportaufkommens der Magistrale Berlin–Angermünde–Stralsund.

Einen nicht geringen Aufschwung im Reiseverkehr hätte der Wiederaufbau der Strecke Ducherow–Seebad Heringsdorf zur Folge. Vom Süden und Westen Deutschlands würden wieder Gäste mit der Bahn in die Kaiserbäder der Insel Usedom reisen. Sicher eine gewagte Prognose in einer Zeit knapper Baufonds und boomenden Autoverkehrs.

Real sind dagegen die Baumaßnahmen zwischen Stralsund und Ribnitz-Damgarten im Rahmen des Verkehrsprojektes Deutsche Einheit Nr. 1. Mit Tempo 160 sollen ab Mai 1999 die Züge auf dem 42 km langen Schienenstrang fahren.

Hoffen wir, daß alle Absichten der Deutschen Bahn AG und der Wirtschaft in die Tat umgesetzt werden und sich positiv auswirken. Dann scheint die Existenz dieser östlichen Magistrale im Gegensatz zu anderen Strecken in der Region gesichert zu sein.

Das wünschen ihr die Autoren, deren Wirken als Eisenbahner eng mit dieser Bahn verbunden war.

Übersicht der die Hauptbahn Angermünde–Stralsund berührenden Strecken

Normalspur

Bezeichnung	Länge(km)	Eröffnung	Schließung
Berlin–Angermünde–Stettin	134,5	1843	
Angermünde–Schwedt	23,1	1873	
Angermünde–Freienwalde	30,0	1877	1995
Prenzlau–Templin	39,5	1899	
Prenzlau–Löcknitz	41,9	1902	1995
Prenzlau–Strasburg	26,0	1902	1995
Prenzlau–Fürstenwerder	22,4	1902	1978x
Prenzlau–Klockow	15,0	1916	1972
Pasewalk–Neubrandenburg	51,8	1867	
Jatznick–Ueckermünde	19,4	1884	
Ducherow–Swinemünde	37,8	1876	1945
Greifswald–Tribsees	50,5	1896	1945
Stralsund–Neubrandenburg–Berlin	222,6	1878	
Stralsund–Bergen	23,2	1883	
Stralsund–Rostock	72,3	1889	
Stralsund–Tribsees	34,0	1901	1945

x) Dedelow–Fürstenwerder

Schmalspur

Bezeichnung	Länge(km)	Eröffnung	Schließung
Pasewalk Ost–Klockow, 750 mm	16,0	1893	1963
Ferdinandshof–Friedland, 600 mm	27,1	1892	1966
Anklam–Friedland, 600 mm	35,8	1895	1969
Anklam–Lassan, 600 mm	18,4	1896	1945
Anklam–Leopoldshagen, 600 mm	19,9	1896	1945
Greifswald–Jarmen, 750 mm einschließlich Züssow–Dargezin und Zweigstrecken	53,2	1897	1945
Greifswald–Wolgast, 750 mm einschließlich Zweigstrecken	58,3	1898	1945
Stralsund–Dammgarten Ost, 1000 mm sowie Altenpleen–Klausdorf	57,8 9,4	1895	1970x

x) ab 1965 abschnittsweise stillgelegt

Zugangsstellen für den Personenverkehr im Jahre 1963

(100 Jahre nach Eröffnung der Angermünde-Stralsunder Eisenbahn)

Bezeichnung	Strecken-km	Eröffnung	Schließung
Bf. Angermünde	70,65	1842	
Bf. Greiffenberg	79,57	1863	1995
Bf. Wilmersdorf	83,88	1863	
Bf. Warnitz	91,95	1894	
Hp. Quast	94,82	1934	1995
Bf. Seehausen	97,00	1863	
Bf. Prenzlau	108,29	1863	
Bf. Dauer	116,45	1881	1995
Bf. Nechlin	121,97	1863	
Bf. Pasewalk	132,25	1863	
Hp. Sandförde	138,06	1892	
Bf. Jatznick	142,88	1863	
Bf. Ferdinandshof	150,22	1863	
Bf. Borkenfriede	157,27	1863	1997
Bf. Ducherow	163,19	1863	
Bf. Anklam	175,33	1863	
Hst. Salchower Weiche	181,38	x)	
Bf. Klein Bünzow	184,48	1902	
Bf. Züssow	191,90	1863	
Hst. Groß Kiesow	198,17	1894	
Bf. Greifswald	209,60	1863	
Hp. Mesekenhagen	216,45	1909	1980
Hp. Jeeser	220,48	1880	
Bf. Miltzow	225,82	1863	
Bf. Wüstenfelde	231,13	1881	
Bf. Stralsund	240,80	1863	

x) Die Hst. Salchower Weiche war nach 1945 bis
Mitte der 70er Jahre für den Personenverkehr geöffnet.

Zeittafel

01. März 1836	Gründung des Berlin-Stettiner Eisenbahnkomitees
16. August 1843	Eröffnung der Gesamtstrecke Berlin–Stettin
21. Juni 1861	Erteilung der Konzession zur Anlage einer Eisenbahn von Angermünde nach Stralsund
16. März 1863	Eröffnung des Streckenabschnittes Angermünde–Anklam sowie der Zweigbahn Stettin–Pasewalk
20. Oktober 1863	Die Eisenbahnwerkstatt in Greifswald nimmt ihren Betrieb auf
01. November 1863	Die Gesamtstrecke Angermünde–Stralsund und die Zweigbahn Züssow–Wolgast, einschließlich Hafenbahn, gehen in Betrieb
04./05. Januar 1865	Inbetriebnahme der Hafenbahnen in Stralsund und in Greifswald
1880	Verstaatlichung der Berlin-Stettiner Eisenbahn und Bildung der Königlichen Eisenbahndirektion Stettin
01. Juli 1883	Der Trajektverkehr von Stralsund Hafen nach Altefähr wird mit der Inbetriebnahme der Eisenbahnverbindung Bergen/Rügen–Altefähr eröffnet - Einstellung 1936
01. Mai 1897	Postdampferlinie Sassnitz–Trelleborg eröffnet
1904–1908	Zweigleisiger Ausbau der Trasse Angermünde–Stralsund
29. März 1905	Feierliche Inbetriebnahme des neuen Stralsunder Empfangsgebäudes
07. Juli 1909	Aufnahme des planmäßigen Eisenbahnfährbetriebes zwischen Sassnitz und Trelleborg
05. Oktober 1936	Fertigstellung des Rügendammes
10. Oktober 1945	Bildung der Reichsbahndirektion Greifswald
1945/1946	Das zweite Gleis wird als Reparationsleistung demontiert.
1945	Einrichtung eines Eisenbahnfährverkehrs zwischen Wolgast Hafen und Wolgaster Fähre (Insel Usedom) - Einstellung 1990
1969/1970	Eröffnung der eingleisigen Strecke Greifswald–Lubmin (Kernkraftwerk Nord)
1973–1978	Wiederaufbau des zweiten Gleises Bernau–Pasewalk–Stralsund
02. Oktober 1986	Aufnahme der Eisenbahnfährverbindung von Mukran auf der Insel Rügen nach Klaipeda (Memel) in Litauen
1989	Fertigstellung der Elektrifizierung von Berlin bis Sassnitz/Mukran/Binz auf der Insel Rügen
01. Oktober 1990	Auflösung der Reichsbahndirektion Greifswald und Zuordnung zur Reichsbahndirektion Schwerin
07. Januar 1998	Einweihung des Skandinavien-Terminals in Mukran